Jahrhunderte hindurch wurde die Frage nach dem Werden der Lebewesen in unserer irdischen Welt durch Schöpfungsmythen beantwortet, ihre Gruppierung in Würmer, Schmetterlinge, Fische, Vögel und dergleichen rein gefühlsmäßig vorgenommen. Beide Verfahren bewegen sich fern jeder Wissenschaft. Doch wenn man heute einer begründeten Gruppierung der Organismen nach verwandtschaftlichen Zusammenhängen nahekommt und seit Anfang unseres Jahrhunderts auch den Wandel des Erbgefüges in seinen Grundlagen versteht, so bleibt dennoch eine Fülle von Aufgaben für die naturwissenschaftlichen Forschungszweige vordringlich, die sich um die Aufklärung gegenseitiger körperbaulicher und funktioneller Zusammenhänge mühen. Solche Wandlungen haben den Organismen Wege zur Eroberung des Salz- und Süßwassers, des Festlandes und des erdnahen Luftraumes eröffnet. Die grundlegenden Lebensfunktionen blieben dabei stets nahezu unverändert. Der Wechsel vom Leben im Wasser zu einem Dasein auf dem Festland und im Grenzbereich zwischen diesen beiden Lebensräumen soll unsere Aufmerksamkeit hier in Anspruch nehmen.

Günther E. Freytag

Vom Wasser- zum Landleben

Urania-Verlag Leipzig · Jena · Berlin

Autor: Dr. Günther E. Freytag,
Fachbiologe der Medizin, Berlin
Illustrationen: Reiner Zieger, Berlin

Freytag, Günther E.:
Vom Wasser- zum Landleben / Günther E. Freytag.
[Ill.: Reiner Zieger]. – 3., überarb. Aufl. –
Leipzig ; Jena ; Berlin : Urania-Verlag, 1989.
– 128 S. : 57 Ill.
(Akzent)
NE: GT ISBN 3-332-00303-8

ISBN: 3-332-00303-8
ISSN: 0232-7724

3., überarbeitete Auflage 1989

VLN 212-475/107/89. LSV 136 9
Umschlagreihenentwurf: Helmut Selle
Fotos: D. Kuhn (123), W. Mudrack (83 u.),
Dr. H. Thomas (83 o., 113)
Printed in the German Democratic Republic
Gesamtherstellung: GG Interdruck Leipzig
Best.-Nr. 653 405 9
00450

Inhalt

Bürger zweier Welten 82

Zahlreiche Tierarten, vor allem aus der Klasse der Lurche, werden hier als Beispiele herangezogen, ohne daß der Leser mit diesen Geschöpfen näher bekannt gemacht werden konnte. Weiterführende Angaben über diese und andere Tierarten sowie über die vielen Forscher und Freunde der Tierkunde vermag er in vielfältigen Übersichtswerken und Spezialveröffentlichungen zu finden, die zu nennen wir verzichten müssen. Daher seien Interessenten beispielsweise auf das Urania-Tierreich, Band „Fische, Lurche, Kriechtiere“, auf die große Ausgabe von Brehms Tierleben oder auch auf die Bearbeitung der niederen Wirbeltiere in Grzimeks Tierleben aufmerksam gemacht.

Leben und Lebensräume

Die urtümlichsten Lebensspuren, die sich nachweisen lassen, zählen kaum mehr als eine halbe Milliarde Jahre. Entstanden ist das Leben im Meer. Hier hat es in einem langen Entwicklungsweg von den Anfängen bis zur Gegenwart eine Vielzahl unterschiedlicher Verwandtschaftskreise in geradezu erstaunlicher Mannigfaltigkeit ausgebildet. Aus dem Meere sind Lebewesen – pflanzliche wie tierische – in das Süßwasser und auf das feste Land vorgedrungen, haben sogar den erdnahen Luftraum erobert und auch in diesen Lebensräumen eine große Formen- und Individuenfülle entwickelt. An den Übergang in die Lebensräume des Süßwassers und des Festlandes knüpfen sich außerordentliche Wandlungen als Anpassungen an völlig andersgeartete und sehr wechselvolle Umweltbedingungen. Alle diese Wandlungen müssen so harmonisch ineinandergreifen, daß die Organismen in jedem Abschnitt ihrer Einzelentwicklung in ihrem Lebensraum voll funktionstüchtig sind und allen Ansprüchen in Wechselwirkung mit der Umwelt gerecht werden, damit sie überleben und sich erhalten und vermehren. So ist dieser Weg vom Wasser- zum Landleben wohl häufig beschritten, aber nicht immer erfolgreich vollendet worden. Stachelhäuter, zu denen Seeigel und Seesterne zählen, und auch Vertreter anderer Tierstämme leben ausschließlich im Meere. Vor allem Tracheentiere, z. B. Insekten, und Wirbeltiere haben eine vielgestaltige Formenaufgliederung auf dem Lande ausgebildet. Andererseits kennt man nur wenige Tierklassen, die nicht im Meere vorkommen, darunter Bärtierchen, Hundert- und Tausendfüßer und unter den Wirbeltieren die Lurche. Jedoch gibt es auch Meeres- und Süßwasserbewohner, die von Landtieren abstammen und nachträglich zum Wasserleben übergegangen sind wie die Meeressäuger oder Wasserkäfer.

Lebensvorgänge sind stets an Wasser und Sauerstoff gebunden. Wassertiere entnehmen Sauerstoff dem Wasser. Landtiere beweisen ihre Abstammung von wasserlebigen Vorfahren dadurch, daß auch sie nicht ohne Wasser aktiv leben können und zu über 50 % aus Wasser aufgebaut sind. (Der erwachsene Mensch besteht aus etwa 63 % Wasser.) Bei manchen Tieren wie Regenwürmern oder Wegschnecken macht der Wassergehalt über 85 % des Körpergewichts aus, also ebensoviel wie bei dem Lanzettfischchen *(Branchiostoma)* und sogar noch etwas mehr als bei der ebenfalls im Meere lebenden Miesmuschel (*Mytilus*, ohne Schalen) und vielen anderen Meerestieren. Lurche bestehen zu fast 80 % aus Wasser und haben damit einen um 8 bis 10 % höheren Wassergehalt als andere Wirbeltiere und selbst als Süßwasserfische. Wasserverlust über eine bei den einzelnen Arten unterschiedliche Grenze hinaus führt zum Tode. Die Grenze kann allerdings sehr weit sein. Regenwürmer und Wegschnecken überleben einen durch Eintrocknen bedingten Gewichtsverlust von über 60 %, der einheimische Wasserfrosch *(Rana esculenta)* von über 30 %, manche anderen Lurche auch von über 40 %. Sogar für einige Echsen wurde nachgewiesen, daß sie eine Wassereinbuße von mehr als 30 %, ja selbst weit über 40 % (z. B. Rotkehlanolis, *Anolis carolinensis*) überstehen können. Komplizierte Schutzmaßnahmen gegen zu starke Wasserverluste – mögen sie in

Vorwärtsbewegung eines Fisches (links) und eines Salamanders (rechts) in Aufsicht. Die Antriebskraft zur Vorwärtsbewegung gewinnt der Fisch, indem er aufeinanderfolgende horizontale wellenförmige Krümmungen über Rumpf und Schwanz laufen läßt und den dabei entstehenden Rückstoß ausnutzt (schwarze Pfeile). Dazu hat er die mächtige Muskulatur der seitlichen Rumpfwand, die wir von wohlschmeckenden Arten so schätzen. Die Brustflossen dienen nur als Steuer, nicht als Antriebsorgane. Auch für die Fortbewegung des Salamanders ist die Schlängelbewegung des Körpers von Bedeutung, aber die jeweils gerade auf den Boden gesetzten Gliedmaßen wirken als Stützpunkte, während die anderen nach vorwärts gebracht werden (rote Pfeile).

Merkmalen des Körperbaus wie der Hautbeschaffenheit oder des Verhaltens wie beim Aufsuchen feuchter Örtlichkeiten bestehen – bilden nur einen sehr geringen Teil der Anpassungen, die beim Übergang vom Wasserleben zum Landaufenthalt für einen erfolgreichen Kampf ums Dasein erforderlich werden, damit das Einzelwesen und die Art erhalten bleiben. Die Methoden der Fortbewegung, des Nahrungserwerbs, der Nahrungsaufnahme, der Fortpflanzung und anderer Lebensäußerungen, darunter auch die des Verhaltens, ändern sich völlig.

Wassertiere sind allseitig vom Wasser umgeben. Ihr Körper wird vom Wasser nahezu getragen. Die Nahrung wird schwimmend erjagt oder von Wasserströmungen herangeführt, oder man lauert ihr auf. Die Fortbewegung kann aktiv oder passiv geschehen. Festsitzende einzelnlebende Tiere pflanzen sich fort, indem sie Eier und Samen in das umgebende Wasser entlassen, wo sich dann die Geschlechtsprodukte – durch Strömungen oder Eigenbewegungen zusammengeführt – vereinigen, ohne daß die Eltern zusammenkommen. Solche sessilen Tiere können sich als Strudler ernähren; zahlreiche frei schwimmende Arten erwerben ihre Nahrung auf dieselbe Weise.

Alles das ist auf dem Lande anders. Landtiere sind allseitig von Luft umgeben und sollten deshalb – entsprechend den Wassertieren – folgerichtig Lufttiere genannt werden. Daß man sie allgemein als Landtiere bezeichnet, beruht auf Gewohnheit. Die Lufttiere oder, wie wir üblicherweise sagen, die Landtiere müssen sich selbst tragen und zu diesem Zweck leistungsfähige Stütz- und Bewegungsorgane entwickeln. Die Funktionen der Sinnesorgane müssen sich auf die Belange des Luftlebens ebenso umstellen wie alle anderen Lebensäußerungen einschließlich der Verhaltensweisen.

Die Bedeutung der Merkmale des Verhaltens ist leicht einzusehen. Ein Landtier, das – unfreiwillig ins Wasser geraten – ertrinken würde, muß durch sein arteigenes Verhalten verhindern, daß dieser Fall unter Normalbedingungen eintritt. Genauso wie körperliche Merkmale unterliegen die Merkmale des Verhaltens den Gesetzlichkeiten der einzelgeschichtlichen und stammesgeschichtlichen Entwicklung, der Ontogenese und der Phylogenese.

Die Bedeutung des Lernens für das Verhalten dürfte heute kaum jemand in Abrede stellen wollen. Aber dennoch ist es nicht so, daß Verhalten ausschließlich durch Prägung und Lernen bestimmt wird. Verhaltensweisen unterliegen denselben Gesetzmäßigkeiten wie körperliche Merkmale und werden ebenso vererbt. Deshalb werden beide in den folgenden Betrachtungen als gleichwertig behandelt.

Die Grenzlinien zwischen den Lebensräumen Meer, Süßwasser und Festland erweisen sich keineswegs als so scharf, wie der erste Eindruck vermuten läßt. Im Gegenteil: Sogar an der Grenze zwischen Meer und Land gibt es unterschiedliche Übergangsbereiche mit kennzeichnenden Umweltbedingungen wie Strandsäume mit Hartböden, Sand- und Schlickböden, Gezeitenzonen mit gleichbleibendem rhythmischem Wechsel der Milieuverhältnisse, Brackwasser- und Mischwasserzonen. Sie alle werden von häufig ganz eng an die besonderen Bedingungen angepaßten Lebensgemeinschaften besiedelt. Außerordentlich verwickelt sind die Abstufungen in den Wechselbeziehungen zwischen Süßwasser und Festland. Wasser- und Landtiere mischen sich sehr innig in den hier heimischen Lebensgemeinschaften. Selbst die Mikrogewässer in den Poren und Spalten des Bodens beherbergen Organismenarten, die in ihrer Existenz völlig auf solche Gewässer angewiesen sind. In dem Wissenszweig, der sich der Erforschung ihrer Lebensgemeinschaften widmet, in der Ökologie, zählen sie zur Landlebewelt.

Ein Lebensraum mit besonders inniger Verflechtung unterschiedlicher Lebensbedingungen und unvergleichlicher Lebensentfaltung tritt uns im tropischen Regenwald entgegen. Auf Reisende, Naturforscher und Naturfreunde hat er seit jeher eine faszinierende Anziehungskraft ausgeübt. Mertens, seinerzeit ein ausgezeichneter Kenner der Tropen aller Erdteile, schilderte die Tierwelt des tropischen Regenwaldes in Verbindung mit ihrer Umwelt sehr eindrucksvoll:

»Hier steigt die Luftfeuchtigkeit oft bis zum Sättigungsgrad. Daher bietet der Regenwald auch solchen Landtieren eine Lebensmöglichkeit, die in bezug auf die Feuchtigkeit die höchsten Ansprüche stellen oder selbst ausgesprochen wasserbewohnenden Tiergruppen angehören, darunter Strudelwürmer und Landblutegel, Flohkrebse und andere Krebstiere ... Sogar kleine Vielborster (Lycastopsis) – sonst bekanntlich meerbewohnende Ringelwürmer – vermochten sich im Sundaarchipel bis zu einem gewissen Grade ans Luftleben zu gewöhnen, denn sie pflegen außerhalb des Wassers, zumeist allerdings in der Nähe von Wasserfällen, zwischen modernden Blättern umherzukriechen. Ein Gegenstück dazu stellen die Libellenlarven der Gattung Agrion dar, die im Hawaiischen Archipel bei feuchtem Wetter an Astelia-Blättern herumkriechen. Im Regenwalde finden auch unmittelbare Auswanderer aus dem Meere wegen der hohen Luftfeuchtigkeit mitunter ausreichende Bedingungen zum Luftleben: so kommen z. B. landbewohnende Schnurwürmer, die zum Luftleben vermutlich nicht erst auf dem Umwege über das Süßwasser übergegangen sind, in Regenwäldern in Küstennähe und auf Inseln vor, und dasselbe gilt vielleicht auch für andere Würmer und vor allem für manche Taschenkrebse. Umgekehrt kann der Regenwald infolge seiner großen Feuchtigkeit auch den Übergang vom Luft- zum Wasserleben erleichtern. So begegnet man gerade im tropischen Regenwald amphibisch lebenden Tieren in Gruppen, die sonst ausgesprochene Lufttiere sind. Auf Java leben z. B. Schaben (Rhicnoda), deren asselähnliche Larven und flügellose Weibchen in Waldbächen geschickt zu schwimmen und zu tauchen vermögen. In tropisch-amerikanischen Gebirgsbächen führen sogar eigenartige Stabheuschrecken (Prisopus) eine halbaquatile Lebensweise.«

Von den vielen Beispielen, an denen sich die Entwicklungsschritte für einen Übergang vom Wasser- zum Landleben studieren lassen, wollen wir eines in den Mittelpunkt unserer Betrachtungen stellen, nämlich den Schritt aufs Festland, der von den Wirbeltieren vollzogen worden ist und die Voraussetzungen dafür geschaffen hat, daß sich von hier aus die höheren Wirbeltiere und somit auch der Mensch entwickeln konnten. Die ersten Wirbeltiere, die das feste Land betraten, waren Lurche. Sie sind aus Fischen hervorgegangen und selbst zu Vorfahren der Kriechtiere, Vögel und Säuger geworden. Ihren Nachkömmlingen, den heutigen Lurchen, begegnet man in allen Erdteilen, die nicht vom ewigen Eise bedeckt sind. Die Lurche haben sich weder vom Wasserleben völlig getrennt noch zu echten Lufttieren entwickelt. Sie alle sind in ihrer Existenz an die Anwesenheit von Wasser gebunden. Bei Lurchen, die ausschließlich im Wasser leben, ist das ohne weiteres einzusehen. Es trifft aber auch für jene zu, die in Trockengebieten beheimatet sind. Die Lurche zeigen Merkmale, die sie von den Fischen ererbt haben, und solche, die sich bei höheren Wirbeltieren wiederfinden, neben anderen, die Spezialerwerbungen, Anpassungseigenheiten und Rückbildungen darstellen. Es gibt keine so scharfe Grenze zwischen Fischen, Lurchen und Kriechtieren, wie man meinen möchte, wenn man einen Karpfen, einen Grasfrosch und eine Zauneidechse miteinander vergleicht. So nimmt es nicht wunder, daß der Wissenszweig, der sich mit der wissenschaftlichen Einteilung des Tierreichs befaßt, die zoologische Systematik, die Lurche erst seit rund hundert Jahren allgemein als eine eigene Klasse der Wirbeltiere bewertet, als Amphibia – obwohl Blainville (1778–1850) schon 1816 die Lurche den Kriechtieren gegenübergestellt hat, ein Ergebnis des Wirkens des französischen Naturforschers Cuvier (1769–1832), der die moderne Paläontologie der Wirbeltiere und die Vergleichende Anatomie begründete. Die Formenfülle der Lurche ist erstaunlich groß. Vor einigen Jahren kannte man etwa 3 000 Arten. Ständig werden neue Arten entdeckt und beschrieben. Ihre Anzahl hat inzwischen 4 000 überschritten. Diesen Tieren, die eine so eindrucksvolle ökologische Zwischenstellung zwischen den Fischen und den höheren Wirbeltieren einnehmen, soll sich unsere besondere Aufmerksamkeit zuwenden. Zuvor aber wollen wir einen Ausflug in die Welt der Fische unternehmen.

Fische an der Grenze zwischen Wasser und Land

Luftspringer und Landwanderer

Fische sind Wassertiere. Sie bewohnen Ozeane und Süßgewässer von den obersten Wasserschichten bis in die tiefsten Tiefen. Sie leben bis rund zehntausend Meter unter der Meeresoberfläche. Wer wollte da auf dem Lande nach Fischen suchen! Aber dennoch, ganz so abwegig ist der Gedanke nicht, wie er zunächst anmutet; denn wenn es zutrifft, daß die Entwicklung der Landwirbeltiere ihren Ausgang von Fischen genommen hat, wird man erwarten dürfen, daß es Fische gibt und in zurückliegenden Abschnitten der Erdgeschichte gegeben haben mag, die Übergangsstufen zwischen Fisch und Lurch zeigen. Man kann auch voraussetzen, daß sich die Übergänge auf Lebensweise und Körperbau beziehen und daß Lücken in dieser Entwicklungskette dort nachweisbar sind, wo man Zwischenglieder noch nicht kennt. Halten wir daher zunächst nach Fischen Ausschau, deren Lebensweisen Andeutungen der von uns gesuchten ökologischen Übergänge erkennen lassen. Unsere Bemühungen werden gewiß erfolgreich sein.

Angehörige nicht weniger Fischarten können ihren eigentlichen Lebensraum, das Wasser, mit einem Luftsprung immerhin für einige Augenblicke verlassen, andere legen sogar recht beachtliche Strecken durch die Luft zurück, und wieder andere unternehmen lange Landwanderungen. Wer solche Vorgänge beobachtet, wird immer einen biologischen Sinn in derartigen Leistungen der Fische erkennen wollen oder wenigstens vermuten, mag der Anlaß nun darin bestehen, ein sonst nicht zugängliches Ziel zu erreichen, sich Feinden zu entziehen, in eine günstigere Umgebung zu gelangen oder noch andere Gründe aufweisen. Aus Beispielen, die wissenschaftlich schon genauer untersucht worden sind, ist bekannt, daß sich mannigfaltige Anpassungen entwickeln müssen, damit ein Fisch die Grenze zwischen Wasser und Luft kreuzen kann, in erheblich größerer Anzahl jedenfalls, als die bloße Beobachtung erwarten läßt. Es müssen sich Merkmale ausbilden, die auch für einen Landaufenthalt Bedeutung haben.

Berücksichtigt man diese Zusammenhänge, so erscheint es recht überraschend, daß Fische, die mehr oder weniger regelmäßig Luftsprünge ausführen, keineswegs selten sind. Häufig erweist sich diese Fähigkeit tatsächlich ganz augenfällig als »biologisch sinnvolles Anpassungsmerkmal« von großer Vollkommenheit.

Die Grundel *Bathygobius soporator* auf den Bahamas beispielsweise lebt während der Ebbe in Resttümpeln und rettet sich bei Gefahr durch zielsicheren Sprung in den nächsten Tümpel oder ins Meer. Dabei ist nicht nur die körperliche Leistung beachtenswert, sondern vielleicht in noch stärkerem Maße die Leistung des Sinnes- und Nervensystems, durch deren Mitwirkung solche akrobatischen Kunststücke ja erst ihren »Sinn und Zweck« erreichen.

Ein weit bekannteres, überaus erregendes Schauspiel bietet die Laichwanderung der Lachse *(Salmo salar)*. In unzählbaren Mengen streben die bis 1,50 m großen Fische, aus dem Meere kommend, flußaufwärts ihren Laichgewässern zu. Durch kraftvolle, bis 3 m hohe und 5 m weite Luftsprünge versuchen sie, Stromschnellen, Wasserfälle und andere Hindernisse auf ihrer unaufhaltsamen Wanderung zu überwinden.

Ein Landwanderer dagegen ist der einheimische Flußaal *(Anguilla anguilla)*. Er kann sogar recht ausgedehnte Wanderungen auf dem Lande unternehmen. Über seine Lebensgeschichte war man sich bis in die jüngere Vergangenheit im unklaren, obwohl Aale schon im Altertum als Leckerbissen geschätzt wurden. Man glaubte, daß sie von dem über einen halben Meter langen, Küsten und Flußmündungen bewohnenden Fisch *Zoarces viviparus* lebend

Flußaal (Anguilla anguilla), Männchen bis 50 cm, Weibchen bis 100 cm, Europa, ein Fisch, der gelegentlich Landwanderungen unternimmt

geboren werden, und nannte diesen Fisch deshalb Aalmutter. Aale sind ebenso wie die erwähnten Lachse Wanderfische, aber sie laichen im Meer. Die Jungen ziehen ins Süßwasser und verbringen hier zwölf bis fünfzehn Jahre, bis sie herangewachsen sind. Teilweise erreichen die Tiere Seen und Teiche, die nicht mit Flüssen verbunden sind, über Land. In zeitweilig austrocknenden Gewässern graben sie sich in den Schlamm ein und können hier überwintern, wenn sie vor Frost geschützt bleiben. Auch die Rückwanderung erwachsener Aale zu den Flüssen, von wo die fortpflanzungswilligen Tiere wieder ins Meer gelangen, kann nachts über taufeuchte Wiesen führen. Ihr »Nachtleben« bleibt zwar meist unauffällig. Aber auch in Aquarien gehaltene Aale versuchen auszureißen.

Fliegende Fische

Unter den Fischen treffen wir aber nicht nur Luftspringer und Landwanderer. Auf Schiffsreisen in tropische und subtropische Meere begegnet man den heringsähnlich aussehenden Flugfischen *(Exocoetus)*. Erlebnisse mit diesen Tieren sind sehr eindrucksvoll und häufig sehr anschaulich geschildert worden. »Immer wieder folgten unsere Blicke diesen Geschöpfen während ihres Fluges, und immer wieder war man erstaunt, wie weit – schätzungsweise bis 60 oder gar 70 m – die Fische sich in der Luft fortbewegen konnten«, lesen wir bei Mertens in dem Buch über eine Forschungsreise nach El Salvador (Senckenberg-Buch 29, 1952). »Vom Schiffsbug aus sah man deutlich, daß die von der Bugwelle bedrohten Fische zuerst hastig zu schwimmen begannen, bevor sie sich aus dem Wasser herausschnellten. Reichte die Stoßkraft nicht aus, um den Fisch in der Luft über eine größere Strecke zu treiben, so berührte er mit dem unteren verlängerten Teil der Schwanzflosse den Wasserspiegel und führte damit schlängelnde Bewegungen aus: diese waren es, die das Weiterfliegen bewirkten. Wenn auch ein Rütteln der mächtigen Brustflossen oft, und zwar meist gleich nach dem Herausschnellen aus dem Wasser, beobachtet wurde, so kann von einem aktiven Flug bei *Exocoetus* nicht gesprochen werden.« Die Fische benutzen ihre mächtigen Brustflossen nur als Tragflächen. Sie sind

Der Fliegende Fisch (Exocoetus volitans), 25 cm, Atlantischer Ozean, ist Segelflieger. Als Antriebsorgan dient ihm der Schwanz, die flügelähnlichen Brustflossen hält er still.

Gleitflieger. Sie erreichen die beachtliche Geschwindigkeit von 55 km/h. Wenn sie am Ende des Gleitfluges auf die Wasseroberfläche sinken, können sie durch rasches seitliches Schlagen des unteren Lappens der Schwanzflosse, der dazu besonders eingerichtet ist und fünfzig Schläge in der Sekunde ausführt, die Geschwindigkeit wieder erhöhen und sich erneut zum Gleitflug 1 m oder höher in die Luft erheben. Diesen Vorgang vermögen sie mehrmals zu wiederholen und Flüge von mehr als 200 m Weite zurückzulegen.

Dennoch bleibt ihr Lebensraum das Wasser. Von einem Übergang zum Leben außerhalb des Wassers kann keine Rede sein. Aber zahlreicher Anpassungen an den Aufenthalt in der Luft bedürfen sie trotzdem, so eines Schutzes der Augen gegen Austrocknung, einer großen

Die kleinen Beilbauchfische, von Panama bis La Plata verbreitet, hier Gasteropelecus sternicla, 6 cm, haben mächtige Brustmuskeln und sind die einzigen Fische, die wirklich kurze Strecken fliegen können.

Der Schmetterlingsfisch (Pantodon buchholzi), 13 cm, tropisches Afrika, fliegt nicht, sondern lebt wie andere Oberflächenfische, kann aber 2 Meter weit durch die Luft springen.

Schwimmblase, eines festen Verschlusses der Kiemenhöhle durch Klappen und des Mundes durch Falten, damit während des Gleitfluges das Wasser nicht aus dem Mundraum abfließt, dem sie wie andere Fische den Sauerstoff entnehmen. Die stark vergrößerten Brustflossen haben wir schon erwähnt. Um sie wie Flügel bewegen zu können, hätten die Fische eine leistungsfähige Flugmuskulatur ausbilden müssen. Aber Experten des Segelfluges sind sie dennoch.

Die den Süßwasseraquarianern gut bekannten amerikanischen Beilbauchfische (Gasteropelecidae), die zu den Salmlern zählen, sind wohl die einzigen wirklich richtig »fliegenden« Fische. Manche Arten dieser kleinen Fischfamilie können mehrere Meter durch die Luft fliegen. Wie sie das fertigbringen, weiß man allerdings nicht genau. Stets brauchen sie einen »Anlauf«, um sich über die Wasserfläche zu erheben. Mit ihren mächtigen Brustmuskeln, die an einem brustbeinähnlich ausgebildeten Knochen des Schultergürtels ansetzen, bewegen sie ihre Brustflossen in schneller Folge ähnlich wie ein Vogel seine Flügel. Die heringsähnlich aussehenden Hochflossensalmler *(Triportheus)* mit ihren hoch ansetzenden Brustflossen und ihrem starken Bauchkiel vermögen mehrere Meter in der Luft zurückzulegen. Auch noch andere Salmler haben die Fähigkeit, aus dem Wasser zu springen und in der Luft zu gleiten und dabei fliegende Insekten zu fangen.

Ganz anders steht es um den im Flußsystem des Niger und Kongo lebenden Schmetterlingsfisch *(Pantodon buchholzi)*. Trotz seiner stark vergrößerten flügelartigen Brustflossen und entgegen den Angaben des Afrikareisenden Buchholz, zu dessen Ehren der Fisch seinen wissenschaftlichen Namen erhalten hat, kann er keineswegs wie ein Schmetterling durch die Luft flattern, sondern allenfalls bis zu 2 m weite Luftsprünge ausführen.

Daß die Flughähne (Dactylopteriformes), von den Griechen und Römern des Altertums als Schwalben bezeichnet, die Grenze zwischen Wasser und Luft überque-

Ob die Flughähne wie der Mittelmeerflughahn (Dactylopterus volitans), 50 cm, tatsächlich Segelflieger sind, ist umstritten.

ren und sich in den Luftraum erheben, wurde sogar vollends bezweifelt. Dennoch gibt es zahlreiche Schilderungen von Reisenden darüber, wie Schwärme dieser rund 50 cm großen Fische mehrere Meter über die Meeresoberfläche schnellen und nach einem Flug von 100 m wieder im Meere verschwinden. Selbst das Geräusch, das die großen, flügelartigen Brustflossen dabei erzeugen, wird beschrieben. Sogar Teilnehmer der berühmten Challenger-Expedition (1872–1876) berichten davon. Wenn aber die Zweifel mancher Fachleute der Fischkunde zutreffen, dann muß man annehmen, daß alle diese Berichte auf Täuschungen und Verwechslungen mit den schon erwähnten Flugfischen beruhen. Wir wollen das nur als Beispiel dafür werten, wie schwierig es oft ist, über die Lebensweise selbst weit verbreiteter Tierarten Aufschluß zu gewinnen.

Alle Fische, die sich – wenn auch nur vorübergehend – in der Luft aufhalten, und viele von denen, die nahe der Wasseroberfläche oder in sauerstoffarmen Gewässern leben, weisen Einrichtungen auf, mit deren Hilfe sie Luft atmen. Man stößt auf eine überraschende Vielzahl solcher Bildungen. Bei dem im Amazonasgebiet beheimateten Elektrischen Aal *(Electrophorus electricus)* ist die Mundhöhle in komplizierter Weise mit morchelähnlich gefalteten Schleimhauterhebungen ausgerüstet, deren äußere Schicht überaus dicht von feinsten Blutgefäßen durchsetzt ist. Sie wirkt als Atmungsorgan ganz ähnlich wie eine Lunge.

Der südostasiatische Kletterfisch (Anabas testudineus), 25 bis 30 cm, hat wie seine Verwandten ein zusätzliches Organ in einem jederseits über den Kiemen gelegenen Hohlraum, das Labyrinth, zum Atmen atmosphärischer Luft. Dadurch ist er von der Kiemenatmung unabhängig und kann lange Zeit auch außerhalb von Gewässern leben.

Die Labyrinthfische (Anabantoidea), darunter beliebte Zierfische wie Großflosser oder Makropode und Kampffische, haben eine völlig andere Spezialeinrichtung ausgebildet, um atmosphärische Luft zu atmen. Verwehrt man erwachsenen Labyrinthfischen den Zugang zur Luft, dann »ertrinken« sie. Labyrinthfische haben ebenso wie die ihnen nahe verwandten tropischen und subtropischen Schlangenköpfe (Channiformes) ein zusätzliches Atmungsorgan in einem Hohlraum über den Kiemen entwickelt, das Labyrinth. Es besteht aus reich durchbluteten Schleimhautfalten, die von Knochenblättchen gestützt werden, und wirkt wie eine Lunge. Der südostasiatische Kletterfisch *(Anabas testudineus)* aus diesem Verwandtschaftskreis hat dadurch Berühmtheit erlangt, daß er bei ausreichender Luftfeuchtigkeit sein Gewässer verlassen und auf dem Lande über weite Entfernungen zu anderen Gewässern wandern kann. Er vermag sich schnell schlän-

Zu den zahlreichen Labyrinthfischen, die gern in Aquarien gehalten werden, zählt der Kampffisch (Betta splendens), 6 cm, von dem hier eine besonders hübsche Zuchtrasse abgebildet ist: der Schleierkampffisch.

geInd und springend fortzubewegen. Antriebsorgan ist der Schwanz. Die stark abgespreizten Kiemendeckel und die mit einem Stachel ausgestatteten Bauchflossen stützen den Körper. Auf Bäume klettern kann der Kletterfisch zwar nicht, aber er kann Trockenzeiten im feuchten Boden überdauern. Dort erbeutet man ihn nicht mit Netz und Angel, sondern – und das ist für einen echten Fisch recht ungewöhnlich – mit dem Spaten, indem man ihn ausgräbt. Doch von einem aktiven Landleben kann auch bei diesem Tier keine Rede sein. Alle wichtigen Lebensphasen spielen sich im Wasser ab. Die besonderen Fähigkeiten des Kletterfisches bestehen lediglich darin, ungünstigen Umweltbedingungen im Wasser aktiv auszuweichen oder sie passiv in einer Art Ruhepause am Lande zu überdauern.

Auch in anderen Verwandtschaftskreisen, so unter den Welsen, gibt es in kleinen Gewässern lebende Arten, die auf Atmung atmosphärischer Luft angewiesen sind und über Land wandern, darunter die afrikanisch-südostasiatischen, für die menschliche Ernährung wichtigen Raubwelse (Clariidae). Große Arten sind über meterlang. Der obere Teil der Kiemenhöhlen dient der Atmung atmosphärischer Luft; die Kiemen selbst sind klein.

Im Lebensraum der Mangroven

Fische mit einem aktiven Leben an der Grenze zwischen Wasser und Land wird man dort erwarten, wo sich beide Lebensräume besonders eng ineinander verzahnen und der eine in den anderen übergeht. Umweltbedingungen solcher Art finden sich in der Gezeitenzone, wo sich beispielsweise in den Tropen, besonders üppig auf tonigem, sandigem Schlickboden in geschützten Lagunen, Buchten und Flußmündungen, die Pflanzengesellschaft der immergrünen, salzliebenden Küstengehölze aus verschiedenen Pflanzenfamilien über die Flutlinie hinaus vorschiebt. Man bezeichnet sie als Mangroven. Die Eigenarten dieses Lebensraumes stellen an seine Bewohner besondere Anforderungen. Alle Organismen, die hier leben, auch die pflanzlichen, zeichnen sich durch eine

Vielzahl ökologischer Anpassungen aus, die ihr Gedeihen zwischen Hoch- und Niedrigwasser überhaupt erst ermöglichen. Bei den Mangroven selbst rechnen dazu Widerstandskraft gegen schwankenden Salzgehalt, Stelzwurzeln zur Verankerung im sauerstoffarmen Boden, Atemwurzeln und weitgehende Entwicklung der Keimlinge an der Mutterpflanze. Bei der Gattung *Rhizophora* erreicht der Keimling 60 cm Länge, bevor er senkrecht abfällt, sich dabei durch sein eigenes Gewicht in den Sand einbohrt und sich dann durch schnell austreibende Seitenwurzeln verankert. So kann man sagen, diese Pflanzen sind »lebendgebärend«.

Wenden wir uns nun aber wieder der Beobachtung von Fischen zu, denn unter ihnen wollen wir ja nach Eigenheiten Ausschau halten, die das Luftleben der Lurche und damit der höheren Wirbeltiere vorbereiten.

Fische aus der Familie der Echten Grundeln (Gobiidae) haben es in der Ausbildung einer lurchähnlichen, amphibischen Lebensweise besonders weit gebracht. Zu ihnen gehört das im Malaiischen Archipel in der Zone der Buschmangrove beheimatete Glotzauge *(Boleophthalmus pectinirostris)*. Auf trockengefallenem Schlamm geht es der Nahrungssuche, Rivalenkämpfen und Liebesspielen nach. Die hervortretenden beweglichen Augen erweitern das Blickfeld erheblich und dürften für die Orientierung während des Landaufenthaltes sehr nützlich sein. Mit Blutgefäßen versorgte Höckerchen auf Rücken und Flanken dienen der Hautatmung. Bauchseite, paarige Flossen und Mundränder sind mit verstärkter Hornhaut bekleidet. Alles in allem also doch schon ein Fisch, der wichtige Abschnitte seines Daseins auf dem Lande – oder, genauer gesagt, in der Luft – durchlebt.

Weit bekannter als das Glotzauge sind die an den tropischen Meeresküsten Asiens und Afrikas in zahlreichen Arten und Unterarten verbreiteten Schlammspringer (Gattung *Periophthalmus*), die schon fast ganz wie Lurche anmuten und leben. Mit ihren an das Sehen in der Luft angepaßten, beweglichen Augen können sie selbst ganz nahe befindliche Gegenstände wahrnehmen. Die Brustflossen sind armähnlich ausgebildet, auffallend beweglich und ermöglichen es den Tieren, sich eidechsenähnlich laufend und hüpfend auf dem Lande fortzubewegen. Sie haben starke Armmuskeln und einen kräftigen Schultergürtel, an dem diese Muskeln ansetzen. Bei manchen Formen sind außerdem auch die Bauchflossen zu Hebelarmen umgestaltet. Die Haut ist durch eine zusätzliche Hornschicht geschützt und mit Druckpolstern aus flüssigkeitsgefüllten Zellen ausgestattet. Die Fische haben zwar funktionstüchtige Kiemen, aber die Kiemenhöhle öffnet sich nur durch einen engen Spalt nach außen und ist dadurch gut gegen Austrocknung geschützt. Auf dem Lande dienen ihnen reich durchblutete Aussackungen der Mund- und Kiemenhöhle als Atmungsorgane. Manche flüchten bei Behelligung landeinwärts, andere ins Meer. Die Weibchen legen ihre Eier, die im Mutterleib befruch-

Die Schlammspringer aus der Familie der Echten Grundeln, darunter auch die hier abgebildete Art Periophthalmus chrysospiluos, 12 cm, Indopazifik, bewohnen den Mangrovengürtel und leben fast wie Lurche, obwohl sie Fische sind.

tet werden, in trichterförmige Nester, die sich mit dem unteren Ende im Grundwasser befinden. Die Larven werden von den Weibchen bewacht. Sie sehen zuerst ebenso wie die Jungen anderer Grundeln aus. Die bekannteste Art *(Periophthalmus koelreuteri)* ist in warmen Aquarien ein ausdauernder Pflegling. Sie benötigt salzhaltiges Wasser sowie Möglichkeiten, aus dem Wasser zu steigen und sich am Lande zwischen Steinen zu verstecken. Die Tiere hüpfen auch auf niedrige Äste und klammern sich mit den Bauchflossen fest. Allmählich werden sie sogar sehr zutraulich.

Diese Schilderung könnte fast für einen echten Lurch gelten. Selbst Bedarf an Luftsauerstoff und Stoffwechselintensität der aktiven Tiere entsprechen den Verhältnissen bei Molchlurchen. Dennoch verbinden die Schlammspringer keine verwandtschaftlichen Beziehungen mit den Lurchen. Die Ähnlichkeiten beschränken sich auf ökologische Merkmale und auf Anpassungen an diese Lebensweise in der beschriebenen Umwelt. Zu einer Weiterentwicklung in Richtung auf ein echtes Landleben hat der von den Grundeln beschrittene Weg in diesem Grenzbereich zwischen Wasser und Land nicht geführt.

Das gilt auch für einen ganz anderen Verwandtschaftskreis echter Fische, die Algenschabenden Schleimfische (Salariinae). Zu diesen gehört der 9 cm lange Amphibische Schleimfisch *(Lophalticus kirkii)*. Der Lebensraum dieser Fische an den zerklüfteten, felsigen Steilufern des Roten Meeres beschränkt sich auf die obere Gezeitenzone. Hier halten sie sich außerhalb des Wassers, aber dennoch im Spritzwasserbereich oder dicht am Flutsaum, bei Ebbe an und in Spritzwasserlachen und -tümpeln auf. Daher müssen sie sich nach Flut und Ebbe richten: bei auflaufendem Wasser landeinwärts ausweichen und dem fallenden Wasser wieder seewärts folgen. Ihre Nahrung besteht ausschließlich aus dem dünnen Algenbewuchs, den sie abweiden. Sie fressen nur bei Tage und nur außerhalb des Wassers. Sie können sich sogar relativ trockener Luft und Sonnenstrahlen aussetzen, aber ihre Körperhaut muß ständig befeuchtet werden. Dazu wälzen sich die Tiere auf nassem Grunde um ihre eigene Längsachse. Atmungsorgan ist die schleimige, schuppenlose Körperhaut.

Die entscheidende Rolle bei der Fortbewegung und beim Sitzen an den Felsen kommt der Afterflosse zu; sie erstreckt sich bis fast über die halbe Länge des Fisches. Die Flossenstrahlen enden in gekrümmten Hakenspitzen; sie ermöglichen es den Fischen, sich allein mit Hilfe der Afterflosse anzuklammern. Auch die Bauchflossen sind mit Greifhäkchen und kräftigen Muskeln ausgestattet. Kriechend, schlängelnd und hüpfend können sich die Tiere erstaunlich schnell fortbewegen. Mindestens 30 cm hoch können sie springen. Doch mit Lurchen sind sie ebensowenig verwandt wie die schon erwähnten Schlammspringer. Auch in ihnen erkennen wir Anpassungsformen an die Verhältnisse in einer sehr speziellen Umwelt.

Der Schützenfisch und andere Sonderlinge

Die Beziehungen der Fische zum Luftraum sind weit vielfältiger und verwickelter, als wir hier zu schildern vermögen. Ein paar Beispiele sollen das darlegen. Einige Arten der südamerikanischen Scheibensalmler, die alle Mahlzähne haben und sich von Pflanzenteilen ernähren, verzehren Blüten und Früchte und sind dadurch von den großen Bäumen an den Ufern der Flüsse als Nahrungslieferanten abhängig. Der siamesische Schützenfisch *(Toxotes jaculator)* schießt zielsicher mit Wassertropfen noch weiter als 1 m entfernte Luftinsekten, eine ballistische Meisterleistung! Bei dem Vieraugenfisch *(Anableps anableps)*, der in flachen, schlammigen Gewässern Mittelamerikas und Brasiliens zu Hause ist, sind die Augen durch eine waagerechte Scheidewand in einen oberen größeren und einen unteren kleineren Abschnitt unterteilt. Die Tiere können zur gleichen Zeit mit dem oberen Teil der Augen den Luftraum, mit dem unteren den Unterwasserraum beobachten. Sie hängen stets waagerecht an der Wasseroberfläche, nehmen aber trotzdem die Nahrung unter Wasser auf. Der Spritzsalmler *(Copella arnoldi)*, ein ebenso bekannter wie beliebter Aquarienfisch, laicht an Blättern außerhalb des Wassers. Das Männchen bespritzt mit seiner Schwanzflosse, die dazu einen langen oberen Lappen aufweist, immer wieder das Gelege, bis die Jun-

Fische an der Grenze zwischen Wasser und Land. Von oben nach unten: Der Vieraugenfisch (Anableps anableps), 20 cm, Oberflächenfisch schlammiger mittelamerikanischer und brasilianischer Küstengewässer aus der Ordnung der Zahnkarpfenartigen. – Der Spritzsalmler (Copella arnoldi), 6 cm, ein bekannter Aquarienfisch aus dem Amazonas und dem Rio Para. Er heftet seinen Laich an Uferüberhänge und Pflanzen über dem Wasserspiegel. Das Männchen bespritzt das Gelege von der Wasseroberfläche aus bis zum Schlüpfen der Jungen. – Der Schützenfisch (Toxotes jaculator), 20 cm, aus der Ordnung der Barschartigen, Bewohner seichten Brack-, Salz- und Süßwassers von Südostasien bis Nordostaustralien, kann mit einem Wasserstrahl Beute bis zu einem Meter Entfernung von der Wasseroberfläche aus schießen. Der Mund dient als treffsichere Spritzpistole. Der Fisch schwimmt nahe am Wasserspiegel dicht und nahezu senkrecht unter das mit beiden Augen fixierte Ziel und stellt sich vor dem Spritzen steil. Dadurch fallen Blickrichtung und Spuckrichtung etwa zusammen.

gen schlüpfen. Auch den Laichakt kann man im Aquarium beobachten. Das Männchen umschlingt mit seiner hohen Rückenflosse das Weibchen. Dann springt das Paar vereint aus dem Wasser und heftet sich an die Unterseite überhängender Uferpartien oder Pflanzenteile – oder im Aquarium die Deckscheibe – an. Andere Fische wiederum, die sogenannten Saisonfische aus der Familie der Eierlegenden Zahnkarpfen (Cyprinodontidae), leben in periodischen Gewässern nur ein paar Monate. Sie laichen am und im Boden. Die Jugendstadien müssen während ihrer Entwicklung Ruhepausen durchmachen. Dazu haben sich zweckmäßige Anpassungen in großer Anzahl ausgebildet.
Der »amphibischste« aller amphibisch lebenden Süßwasserfische, der südamerikanische Kurzschwanzaal *(Synbranchus marmoratus)*, ist ein stattliches Tier von mehr als einem halben Meter Länge. In seiner Heimat gilt er als begehrter Speisefisch. Während der Niedrigwasserzeit kann man ihn aus seinen selbstgegrabenen, oft über zwei Meter tiefen Erdröhren ohne freies Wasser mit dem Spaten herausholen. Er hält hier keinen Trockenschlaf, sondern ist – ganz wie ein echter Landbewohner – sehr lebhaft und versucht, sofort zu entkommen, wenn man ihn fangen will. Sogar in den Nestern der Blattschneideameise wurde er von Lüling aufgefunden; Mundhöhle und Körperhaut vermitteln am Land die Atmung.

Vorfahren der Landwirbeltiere?

Noch vor einem halben Jahrhundert galten die Lungenfische (Dipnoi) als Formen, von denen die Entwicklung der Lurche, also der Weg der Wirbeltiere aufs Festland, seinen Ausgang genommen haben sollte. In der Tat stellen diese mit Kiemen und mit Lungen ausgestatteten »Doppelatmer« nicht allein nach ihrer Lebensweise »Lurchfische« dar, wie man sie ebenfalls nennt. Sie zeigen darüber hinaus körperbauliche Merkmale, die auf echte Stammesverwandtschaft mit Lurchen sehr deutlich hinzuweisen scheinen. Auch die Kiemenentwicklung von Lungenfischen und Lurchen, insbesondere Schwanzlur-

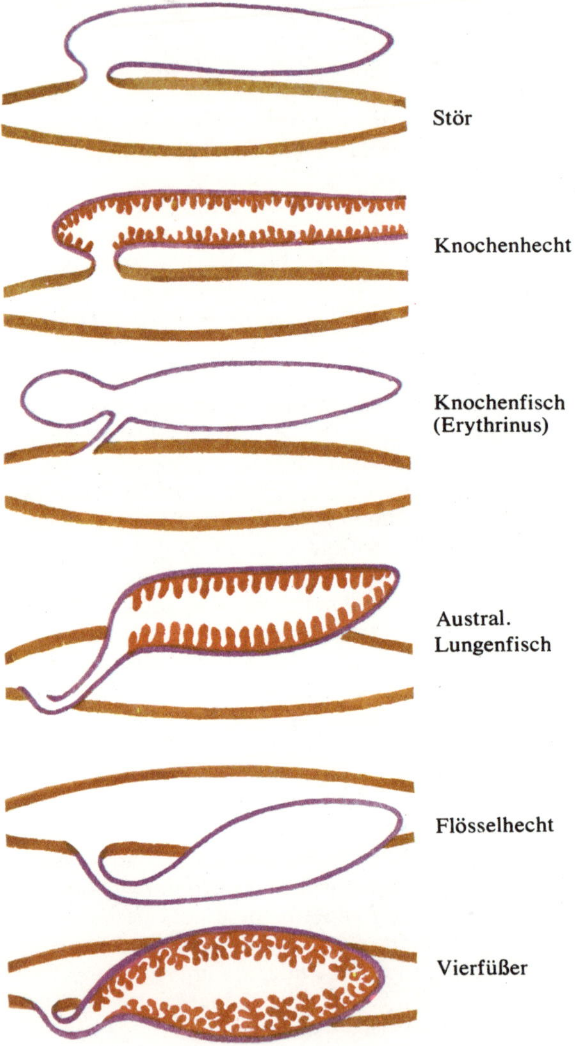

Der Entwicklung des Landlebens ging die Entwicklung von Lungen voraus, die schon sehr früh bei den Fischen begann. Lungen finden wir heute nur bei wenigen Tropenfischen in Gebieten mit regelmäßig wie-

chen, zeigt auffällige Übereinstimmungen. Die Larve des Afrikanischen Lungenfisches *(Protopterus)* hat man sogar für eine echte Molchlarve gehalten. Die Blütezeit der Lungenfische im Devon und Karbon liegt 340 Millionen Jahre und länger zurück. Diese Tiere waren damals weltweit verbreitet. Im Karbon kamen sie vor allem im Süßwasser vor. Ihre Lungen haben sich schon unter den Klimaverhältnissen im Devon entwickelt. Damals wechselten Regen- und Dürrezeiten miteinander ab. Man kann sich vorstellen, daß in austrocknenden Flüssen und Tümpeln mit fauligem Wasser Fische ohne Lungen kaum Überlebenschancen fanden. Fische mit Lungen aber konnten sich atmosphärische Luft an der Wasseroberfläche holen und sie veratmen.

Bei allen Wirbeltieren ist die Atmung – abgesehen von der Verwendung der Körperhaut als Atmungsorgan – eng mit dem Darmkanal verknüpft. Dieser beginnt mit dem

derkehrenden Trockenzeiten. Auf die Anlage von Lungen geht die Schwimmblase zurück. Sie tritt nur bei Strahlenflossern innerhalb der Knochenfische auf. Sie ist dem Rücken mehr oder weniger benachbart und dient hauptsächlich als hydrostatisches Organ dem Gewichtsausgleich im Wasser, also dem gewichtslosen Schweben. Das Schema zeigt Längsschnitte durch Schwimmblase bzw. Lunge bei einigen Fischen und Vierfüßern und die Beziehungen zum Darm. Von oben:

1. Die charakteristische Schwimmblase der Strahlenflosser (Stör und viele Echte Knochenfische)

2. Die Schwimmblase der Knochenhechte (Lepisosteus) und der Kahlhechte oder Schlammfische (Amia calva) hat einen lungenähnlichen Aufbau und dient als Hilfsorgan der Atmung.

3. Zwischenstufe zwischen einer typischen Lunge und einer typischen Schwimmblase bei einem Knochenfisch; sie zweigt von der seitlichen Darmwand ab und hat ihre Verbindung zum Darm noch nicht verloren.

4. Australischer Lungenfisch (Neoceratodus) mit zweilappiger Lunge, die von der bauchseitigen Darmwand abzweigt, sich dann aber nachträglich zum Rücken hin verlagert hat.

5. Der Flösselhecht (Polypterus) mit seiner bauchseits gelegenen Lunge veranschaulicht einen urtümlichen Zustand, aus dem die anderen Lungentypen hervorgingen; sie ähnelt den Lungen der Lurche.

6. Komplizierte Lunge eines Vierfüßers

Mund und führt bis zum hinteren Rumpfende. Auch beim Menschen besteht noch eine Verbindung zwischen Verdauungskanal und Atemweg. Darauf wird man nachdrücklich hingewiesen, wenn man sich »verschluckt«! Die Ausgliederung der Lungen aus dem Verdauungsweg als eigene Atmungsorgane mit respiratorischer Hochleistung mutet auch den tierkundlichen Laien entschieden rationeller an, als wenn die Mundhöhle wie bei dem schon erwähnten Elektrischen Aal oder der hintere Darmabschnitt wie bei dem Schlammpeitzger *(Misgurnus fossilis)* und manchen Welsen, z. B. bei Panzerwelsen (Callichthyidae), bei Harnischwelsen *(Loricaria)* oder bei den Dornwelsen *(Doras)*, als eine gemeinsame Einrichtung für die Aufgaben der Ernährung und Verdauung mit Atmung als Nebenfunktion verwendet werden. So gehören Lungen zu den wichtigen Erwerbungen, die den Entwicklungsweg von den Fischen zu den Landwirbeltieren mit aktivem Stoffwechsel vorbereiteten. Den Gipfel dieser Entwicklung zeigen Vögel und Säugetiere, die selbst ihre Körperwärme erzeugen und regulieren können und dadurch von der Umgebung sehr viel unabhängiger geworden sind.

Die ursprünglichen Lungen waren paarig und gingen von der Unterseite des vorderen Darmabschnittes aus. Solche Lungen finden sich auch bei den wenigen heutigen Lungenfischen. Die einzigen Nachfahren dieses einst bedeutsamen Verwandtschaftskreises leben unter ähnlichen Umweltverhältnissen wie ihre Ahnen im Devonzeitalter. Erst aus Lungen hat sich dann die Schwimmblase entwickelt.

Der Besitz von Lungen bedingt noch kein aktives Landleben. Die Lebensweise der heutigen Lungenfische zeigt die Berechtigung dieser Skepsis. Der Australische Lungenfisch *(Neoceratodus)* verläßt das Wasser niemals freiwillig, hält sich hauptsächlich am Gewässerboden auf und atmet Luft nur im Wasser. Der Afrikanische Lungenfisch *(Protopterus)* bewohnt periodisch austrocknende Gewässer, wühlt sich in den Schlamm ein und umgibt sich mit einer Hülle aus sich erhärtendem Schleim. Nur während dieses passiven Überdauerns einer ungünstigen Zeitspanne muß er die Lungen außerhalb des Wassers gebrauchen. Landwanderungen unternimmt er nicht.

Fische mit Lungen bzw. Schwimmblase, die atmosphärische Luft atmen. Von oben nach unten: Australischer Lungenfisch (Neoceratodus forsteri), 175 cm; Afrikanischer Lungenfisch (Protopterus aethiopicus), 150 cm; Südamerikanischer Lungenfisch (Lepidosiren paradoxa), 150 cm; Flösselhecht (Polypterus weeksii), 40 cm, Kongo; Pirarucú (Arapaima gigas), 130 cm, Amazonas

Die Schwimmblase ist – daran besteht kein Zweifel – eine abgeleitete Bildung. Diese Erkenntnis mag überraschen. Sie wird durch die erdgeschichtlichen, versteinert überlieferten Urkunden der vorweltlichen Lebensformen bewiesen. Bei manchen altertümlichen Fischen wie den heute nur noch in wenigen Arten in Afrika lebenden Flösselhechten *(Polypterus)*, die »ertrinken«, genauer gesagt, ersticken, wenn man sie am Zugang zur Wasseroberfläche hindert, oder den ebenfalls im Erdaltertum bedeutenden Kahlhechten, von denen heute nur noch eine Art *(Amia calva)* in Amerika lebt, ist die Schwimmblase als Lunge tätig.

Viele Fische sauerstoffarmer Gewässer atmen atmosphärische Luft mit Hilfe der Schwimmblase. Zu diesen gehört auch der Pirarucú *(Arapaima gigas)*, der Riesenfisch der Flüsse und Seen im Tiefland Amazoniens. Durch einen kurzen, weiten Gang steht die Schwimmblase mit dem Schlund in Verbindung. Ihre obere Wandung ist mit einem dichten Netzwerk feinster Blutgefäße ausgestattet. Hier wird der eingeatmete Sauerstoff resorbiert. Lüling (Natur und Museum, 1971) hat diese Tiere in ihrer Heimat beobachtet. Erwachsene Pirarucús kommen alle 10 bis 15 min zur Aufnahme atmosphärischer Luft an die Wasseroberfläche. Schon die jüngsten Larven steigen alle 4 bis 7 min nach oben und werden dabei vom Männchen bewacht. Wie der Pirarucú haben auch alle anderen Knochenzüngler alveolär gekammerte Schwimmblasen und können atmosphärische Luft veratmen.

Warum aber ist man von der Ansicht abgekommen, Lungenfische seien Ahnen der Landwirbeltiere? Wichtige Gründe sprechen gegen diese Ansicht. Zählen wir einige davon auf: Das Schädeldach der Lungenfische ist ein Knochenmosaik, mit dem sich die wenigen Schädelknochen der Lurche, Kriechtiere und höheren Wirbeltiere nicht vergleichen lassen. Lungenfische haben keine Oberkieferknochen, sondern ein spezialisiertes Gebiß aus wenigen großen, eigentümlichen Kauplatten zum Zerquetschen der Nahrung. Kegelförmige Zähne, durch die sich die Lurche auszeichnen, sucht man bei ihnen vergeblich, ebenso einen Nasenrachengang. Ihre Flossen ähneln zwar

Hebelwerkzeugen, aber diese sind so gestaltet, daß sie nicht erkennen lassen, wie man von ihnen die in ihrem Bauplan sehr einheitlichen fünffingrigen Gliedmaßen der Landwirbeltiere ableiten sollte.

Alle diese z. T. durchaus ungewöhnlichen Fischgestalten dieser Übersicht und auch noch andere Arten weisen Eigenheiten auf, die es ihnen gestatten, Zeitabschnitte unterschiedlicher Dauer außerhalb von Gewässern zu verbringen. Manche von ihnen sind auf den Zugang zur atmosphärischen Luft angewiesen, um im Wasser leben zu können. Meist handelt es sich um biologisch weniger wichtige Lebensphasen, in denen sich diese Geschöpfe als Lufttiere präsentieren. Doch einige unter ihnen – wie die Schlammspringer – benehmen sich fast wie Lurche. Sie verfügen über eine Fülle von Verhaltensweisen und körperbaulichen Anpassungen an diese Lebensweise in der ihnen gemäßen Umwelt. Andererseits sind sie so eng spezialisiert, daß sie das Festland nicht in größerem Ausmaß erobern und zu Ahnen echter, in der Luft lebender Landwirbeltiere werden konnten.

Die Eroberung des Festlandes

Vom Quastenflosser zum Vierfüßer

Wenden wir uns nun wieder der Tierwelt der Vorzeit zu. Um sich von dem zeitlichen Ablauf der Erdgeschichte und der gleichzeitigen historischen Entwicklung der Lebewesen eine anschauliche Vorstellung machen zu können, hat man den langen Zeitraum von ungefähr 5 000 Millionen Jahren seit der Entstehung der Erde in eine Anzahl Abschnitte untergliedert. Einige von ihnen sind auch für uns von Interesse, wenn wir verstehen wollen, wie und wann sich die Landwirbeltiere aus Wasserwirbeltieren entwickelt haben. Die wichtigsten dieser Abschnitte, von denen einige bereits erwähnt wurden, zählen wir hier der Reihe nach auf. In Klammern ist vermerkt, vor wie vielen Millionen Jahren etwa diese Abschnitte der Erdgeschichte begonnen haben: Silur (450), Devon (400), Karbon (350), Perm (300), Trias (230), Jura (200), Kreide (140), Tertiär (70). Den Beginn der erdgeschichtlichen Gegenwart, des Quartärs, setzt man vor etwa 1,5 Millionen Jahren an.

Die Paläozoologen – das sind die Tierkundler, die sich der Erforschung der vorzeitlichen Tierwelt widmen – kennen seit geraumer Zeit eine Gruppe von Fischen, die zwar mit den Lungenfischen über noch ältere Vorfahren verwandt ist, aber nicht jene Spezialisierungen aufweist, derentwegen die Lungenfische aus der Ahnenreihe der Landwirbeltiere ausscheiden. Man nennt diese Fische Quastenflosser (Crossopterygier). Die paarigen Flossen setzen bei diesen Tieren nicht breit am Grunde des Körpers an, sondern sie sind äußerlich eher einem Stiel mit einer Quaste daran vergleichbar. Die Muskeln erstrecken sich in die Flossen hinein. Ihr Skelett besteht aus einer knöchernen Achse und einigen Knochen, die schon die Fünffingrigkeit der Landwirbeltiere andeuten und erkennen lassen, wie sich die weiteren Umbildungen vollzogen haben mögen. Die Quastenflosser weisen auch alle sonstigen Voraussetzungen auf, die für ein erfolgreiches Leben

Komoren-Quastenflosser (Latimeria chalumnae), 200 cm, Indischer Ozean bei den Komoren

auf dem Lande notwendig sind: innere Nasenöffnungen, Lungen, ein stark verknöchertes Gerippe und sogar Zähne, die in ihrem Aufbau mit den Zähnen von Vierfüßern übereinstimmen. Sie können riechen, schmecken, hören, sehen und haben alle Sinnesorgane, die es bei den Landwirbeltieren gibt. Die Zoologen werten die Quastenflosser als Tierordnung und gliedern sie in zwei Unterordnungen: Rhipidistier und Actinistier (Coelacanthini, Hohlstachler).

Es galt als unumstößlich sicher, daß die Quastenflosser vor 50 Millionen Jahren ausgestorben seien. Daher war es weit mehr als eine Sensation, als im Jahre 1938 dennoch ein heute lebender Quastenflosser der Wissenschaft bekannt wurde. Das Tier befand sich im Fanggut eines Fischdampfers und erregte die Aufmerksamkeit von Miss M. Courtenay-Latimer, Sammlungsleiterin im Museum der südostafrikanischen Hafenstadt East London. Die Entdeckungs- und Erforschungsgeschichte dieses 2 m langen, stahlblauen Fisches mit fleischigen, wie Gliedmaßen abstehenden Flossen, großen Schuppen und einem mächtigen Unterkiefer ist wiederholt geschildert worden. Wir wollen auf die Wiedergabe dieser spannenden Begebenheit verzichten, so ungewöhnlich sie auch sein mag. Dieses Geschöpf, der Komoren-Quastenflosser *(Latimeria chalumnae)*, gehört zu den Hohlstachlern und deshalb nicht in die unmittelbare Vorfahrenlinie der Landwirbeltiere. Dennoch steht er unter allen heutigen Wirbeltieren der Wurzel der Vierfüßer am nächsten. Er lebt bei den Komoren in 150 bis 450 m Tiefe, schwimmt sehr bedächtig und bewegt dabei seine paarigen Flossen im Rhythmus der Beine vierfüßiger Wirbeltiere, ohne auf dem Felsgrund zu schreiten oder diesen beim Schwimmen überhaupt zu berühren. Neu war *Latimeria* nur für die Wissenschaft. Die Einwohner der Komoren kennen den Fisch längst und bieten ihn getrocknet und gesalzen auf den Märkten an. Als schmackhaft gilt er allerdings nicht. Auch den Indern ist dieser Quastenflosser seit Jahrhunderten bekannt. Eine indische Miniatur aus dem Anfang des 18. Jahrhunderts läßt dies vermuten. Sie zeigt den Heiligen Chodscha Chadir auf einem Fisch stehend, der offenbar *Latimeria* darstellt.

Kehren wir aber zur Tierwelt der Vorzeit zurück. Dem schwedischen Zoologen Säve-Söderbergh gelang Anfang der dreißiger Jahre unseres Jahrhunderts ein überraschender Fund in Ablagerungen Grönlands aus dem Devon. Der damals zweiundzwanzigjährige Student wurde mit einem Schlage ebenso berühmt wie sein Fund. Er entdeckte den erdgeschichtlich ältesten Vierfüßer. Dieser erhielt den Namen *Ichthyostega.* Eingehende Untersuchungen dieses Tieres haben dann erwiesen, daß *Ichthyostega* in der Tat eine stammesgeschichtliche Mittelstellung einnimmt und die Landwirbeltiere auf die Rhipidistier unter den Quastenflossern zurückführt. Der Schädel dieser Tiere weist wichtige Übereinstimmungen mit den urtümlichen Vierfüßern auf. Sie haben einen paarigen Nasengang mit inneren Nasenöffnungen in der Mundhöhle (Choanen), Lungen, Oberkieferknochen, Zähne, deren Zahnbein wie bei *Ichthyostega* gefältelt ist und zur Bezeichnung Labyrinthzähner Anlaß gegeben hat, sowie ringförmig verknöcherte Wirbel. Aus den Fundumständen weiß man, daß die Rhipidistier in einem Klima mit periodischen Trockenzeiten als Süßwasserbewohner in Flüssen und Seen lebten. An dieses Dasein hatten sie sich angepaßt. Der Wert von Eigenschaften des Körperbaus, der Funktion und des Verhaltens wird entscheidend durch die Umweltverhältnisse bestimmt. Nur so sind viele Anpassungen zu verstehen. Warum diese Tiere ausgestorben sind, weiß man aber trotzdem nicht.

Von der Lebensweise der Rhipidistier zu derjenigen der Fischschädellurche ist es wohl nur ein kleiner Schritt. *Ichthyostega* wurde in den Süßwasserablagerungen des oberen Devons vergesellschaftet mit Süßwasserfischen gefunden. Meist dürfte sich dieser Lurch im Wasser aufgehalten haben. Er hatte Gliedmaßen und einen fünfzehigen Fuß, konnte aber wohl kaum richtig laufen. Die Gliedmaßen standen seitlich vom Körper ab und befanden sich dadurch in einer für das Tragen des Körpers ungünstigen Haltung. Vielleicht hat er sich nur kriechend, schiebend oder schlängelnd fortbewegt. Man hat auch zu bedenken, daß *Ichthyostega* ein Lurch von ansehnlicher Größe und beachtlichem Gewicht war. Schon der Schädel erreichte etwa 20 cm Länge. So bedurfte es eines gewissen

Kraftaufwandes, um den Körper vom Boden abzuheben. Für die enge Bindung an Gewässer spricht außerdem, daß die Schwanzflosse wie bei Fischen durch selbständige Strahlen (Radien) gestützt wurde.

Zu den von den Quastenflossern ererbten Merkmalen zählen noch viele andere Kennzeichen wie die zweigeteilte Gehirnkapsel – bei allen jüngeren Vierfüßern ist sie einheitlich – oder der Besitz von Kiemendeckeln. So findet sich bei diesen Tieren eine innige Vermischung von Fisch- und Lurchmerkmalen. Da sie, wie man weiß, echte Vierfüßer waren, muß man nach Meinung des bekannten amerikanischen Wirbeltierpaläontologen A. S. Romer den Ursprung der Lurche etwa 400 Millionen Jahre zurückverlegen. Seither hat die Entwicklung komplizierte Wege eingeschlagen. Die meisten von ihnen kennt man nur sehr ungenau. Sicher ist, daß sich die vielfältigen Einzelmerkmale auf unterschiedliche Art prägten und abwandelten.

Von der Bedeutung der Mosaikformen

Auf diese Weise bildeten sich zahlreiche Wirbeltiere heraus, die man treffend als Mosaikformen zu bezeichnen pflegt. Sie erschweren zwar die Übersicht und die Abgrenzung verwandtschaftlich zusammengehörender Einheiten des Tierreiches, aber gerade die Mosaikformen sind es, die der stammesgeschichtlichen Forschung, der Phylogenie, den besonderen Reiz verleihen. Die Untersuchung solcher Formen hat die Wirkung von Vererbung, Neuerwerb, Rückbildung und Verlust in Betracht zu ziehen und zu beachten, daß jedes Tier auf allen Stufen seiner Einzel- und Stammesentwicklung – der Ontogenese und der Phylogenese – ein in sich harmonisches, in eine ge-

Lurche der Vorzeit (Devon bis Trias). Von oben nach unten: Fischschädellurch (Ichthyostega) – Gerippe des Kurzarmigen Hülsenwirblers (Microbrachis) – Schlangenlurch (Phlegethontia) – Breitschädellurch (Diplocaulus) – Kiemenlurch (Branchiosaurus) Körperumriß mit eingezeichnetem Gerippe und Kiemen jederseits hinter dem Kopf – Riesenschnittwirbler (Mastodonsaurus) – Seymourlurch (Seymouria)

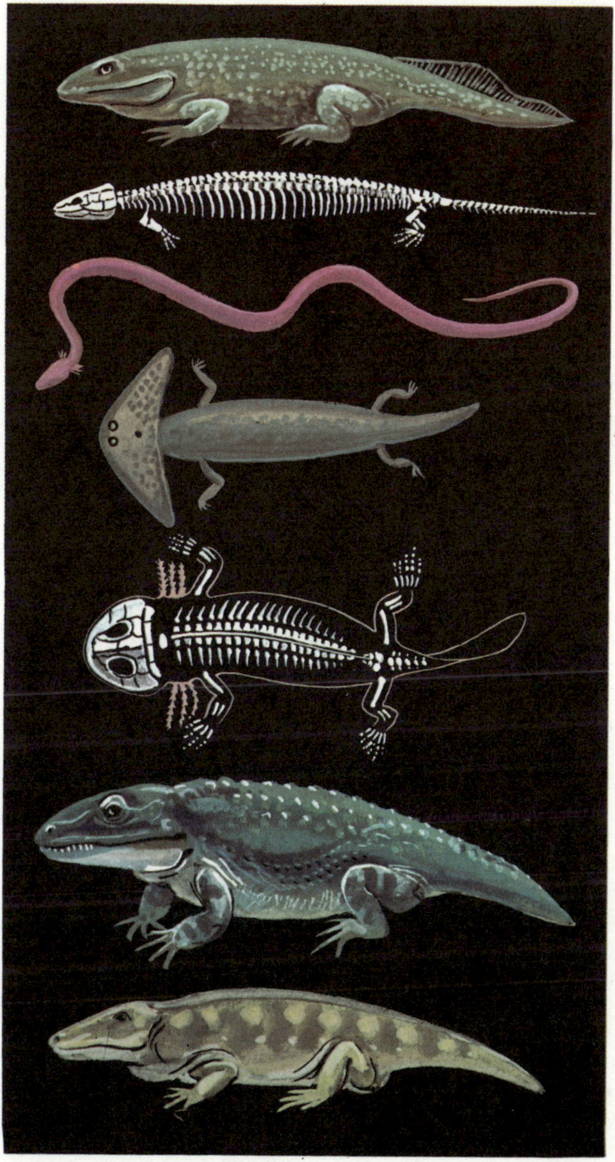

mäße Umwelt eingefügtes, im Daseinskampf erfolgreiches Lebewesen bleibt. Deshalb führen Abwandlungen eines Körperteils oder Organkomplexes im allgemeinen zugleich zu Veränderungen im übrigen Körper.

Auch die Lückenhaftigkeit der erdgeschichtlichen Überlieferung beeinträchtigt die Übersicht. Das gilt insbesondere für die Lurche, denn viele von ihnen leben in einer feuchten, an Humussäuren reichen Umgebung, die für die Erhaltung zarter Gerippe als versteinerte Zeugen der vorzeitlichen Lebensformen nicht günstig ist. Besser erhalten sind die Reste größerer Tiere. Die meisten Lurche sind recht kleine Wesen. Auch unter den Lurchen der vergangenen Epochen gibt es nicht sehr viele, die wesentlich größer als die heutigen ostasiatischen Riesensalamander wurden. Doch gab es auch solche von der Größe heutiger Krokodile. Manche Verwandtschaftskreise kennt man recht gut, andere dagegen nur sehr dürftig. Versteinerte Lurche haben meist Seltenheitswert. So gibt es noch ungelöste Probleme um diese Tiere in großer Zahl. Die Auffassungen der Wissenschaft über Entwicklungs- und Verwandtschaftsbeziehungen der Lurche haben häufiger gewechselt und werden sich auch in Zukunft noch wandeln. Nach gegenwärtiger Kenntnis unterscheidet man 14 Ordnungen mit etwa 120 Familien. Die Fachleute müssen ihre Schlüsse auf Merkmale des Gerippes stützen, die sie den meist nur in Bruchstücken und schlecht erhaltenen Resten ablesen können. Verhältnismäßig häufig findet man Wirbel. Wie schwierig es ist, zu gesicherten Schlußfolgerungen zu gelangen, wird derjenige ermessen können, der anhand nur weniger Wirbelknochen sagen soll, was das für ein Tier war, dessen Überbleibsel er vor sich hat. Wirbelbau und Merkmale des Schädels liefern die wichtigsten Kriterien für unsere Vorstellungen über verwandtschaftliche Gliederung und stammesgeschichtliche Entwicklung der Lurche.

Unter den Lurchen der Jetztzeit sind die Molchlurche den urtümlichen Vierfüßern äußerlich am ähnlichsten. Ihre Körpergestalt findet sich bei den Lurchen der Vorzeit wieder. Auch vergleichbare Larvenformen sind bekannt. Daß schließlich die Eigenheiten der Lebensweise weitgehend übereinstimmen, läßt sich vermuten. Für manche ganz absonderlichen Gestalten der Vorzeit darf man allerdings in der Lurchwelt von heute keine Beispiele erwarten. Das braucht uns nicht zu überraschen. Die Blütezeit der Lurche mit einer niemals wieder erreichten Formenmannigfaltigkeit liegt im Karbon und im Perm. Ein kurzer Blick auf einige der bekannteren Gruppen mag das bezeugen. In großer Arten- und Individuenzahl bewohnten sie Moore, Sümpfe, andere Gewässer und deren Randgebiete. Einige Fischfresser folgten sogar ihrer Nahrung ins Meer und kehrten zur Fortpflanzung in das Süßwasser zurück. Nur damals reichten die Eigenschaften der Lurche dazu aus, sie zu den Beherrschern des Festlandes zu machen, nicht aber in den folgenden Abschnitten der Erdgeschichte. So mußten sie ihre führende Rolle bald an höhere Wirbeltiere abtreten. Aus der Trias sind lediglich ein paar Nachzügler dieser zuvor zeitweilig die Erde beherrschenden Wirbeltiergruppe bekannt. Sonst trifft man dann fast nur noch auf Angehörige der gegenwärtig lebenden Molchlurche (Ordnung Urodela) und Froschlurche (Ordnung Anura), ohne daß aus ihren überlieferten Resten weitreichende Schlüsse über ihren stammesgeschichtlichen Werdegang hätten gezogen werden können. Die tropischen Blindwühlen (Ordnung Apoda) sind als versteinerte Überbleibsel noch kaum bekannt. Wirbelfunde aus der Kreide Brasiliens *(Apodops pricei)* bilden ihren ersten Nachweis.

Hülsenwirbler und Labyrinthzähner

Wir beginnen mit jenen Lurchen, bei denen die Wirbelkörper einheitlich um die Rückenseite – wissenschaftlich als Chorda dorsalis bezeichnet – herum direkt ohne knorpelige Vorbildung wie eine Hülse verknöchern (Hülsenwirbler, Unterklasse Lepospondyli).

Die Kleinsaurier (Ordnung Microsauria), mit denen man auch eine systematische Übersicht beginnen könnte, sind echte Lurche. Der Name Saurier erweist sich als irreführend, es sei denn, man bezieht ihn auf die saurierähnliche »normale« Salamandergestalt der Mehrzahl dieser Tiere. Doch diese meist kleinen Geschöpfe, die im Karbon die Sümpfe bevölkerten und im Perm bereits ausstarben, zeigen vielerlei Abwandlungen wie den Verlust der Gliedmaßen und zahlreiche andere Spezialisierungen, so daß man sie wegen ihrer Mannigfaltigkeit in acht Familien gliedert. Es handelt sich weder um urtümliche Lurche noch ist anzunehmen, daß andere Entwicklungslinien von ihnen ausgegangen sind. Verwandt mit ihnen aufgrund der Eigenschaft, Hülsenwirbel zu besitzen, sind die gliedmaßenlosen Schlangenlurche (Ordnung Aistopoda), die das Landleben völlig aufgegeben hatten. Ihre Wirbelsäule enthält bis zu 230 Wirbel. Diese Tiere sind äußerst spezialisierte Wesen, obwohl von ihnen nach den Fischschädellurchen die ältesten bisher bekannten Lurchreste stammen.

Die Breitschädellurche (Ordnung Nectridia) haben einen schlanken, langgestreckten Leib mit schwachen Gliedmaßen. Der Schädel ist vorn sehr breit, bei manchen aber auch spitz. Meist tragen sie breite Hörner am Schädel. Neben kleinen Formen gab es auch solche, bei denen die Schädelbreite 32 cm erreichte. Sehr bekannt geworden ist *Diplocaulus* aus dem Perm Nordamerikas. Solche Formen waren wahrscheinlich vor allem Grundbewohner.

Für die entwicklungsgeschichtliche Einordnung der Schwanzlurche oder Molchlurche (Ordnung Urodela) sind die Ursalamander (Ordnung Lysorophia) bedeutungsvoll. Sie zeigen die Besonderheiten der Schlangenlurche und verwandter Gruppen nicht. Die Zahl der Wirbel ist gering. Die Gliedmaßen sind nicht völlig rückgebildet. Auch Hautverknöcherungen kennt man nicht von ihnen. An die Schwanzlurche erinnert vor allem die Form des Unterkiefergelenkes. Die verknöcherten Kiemenbogen hinter dem Schädel deuten darauf hin, daß sie die Umwandlung (Metamorphose) nicht vollendeten und wie manche der heutigen Schwanzlurche, z. B. der Grottenolm, Dauerkiemer blieben. Aber dennoch liegt zwischen dem Ursalamander *Lysorophus* aus dem unteren Perm und den ältesten bekannten Schwanzlurchen aus dem oberen Jura noch eine weite erdgeschichtliche Zeitspanne, die sich gegenwärtig nicht durch versteinerte Lurchfunde überbrücken läßt.

Zu einer weiteren Unterklasse der Lurche, den Labyrinthzähnern (Labyrinthodontia), gehören neben den schon beschriebenen Fischschädellurchen noch drei weitere Ordnungen. Im allgemeinen haben diese Tiere eine salamanderähnliche Körpergestalt. Meist erreichten sie weniger als 1 m Länge, selten wurden sie 3 m groß. Sie hatten kurze Gliedmaßen und konnten sich am Lande wohl nur schwerfällig fortbewegen, soweit sie nicht vollends Wasserbewohner waren wie die Flossenfüßer (Ordnung Plesiopoda). Man weiß nur von einer Gattung, die am Ende des Karbons lebte. Die Flossenfüßer hatten weder Ellenbogen- noch Handgelenke zur Fortbewegung auf dem Lande und zeichneten sich durch mancherlei Fischmerkmale aus. Von einigen Labyrinthzähnern wurden auch Larvenformen überliefert. Sie alle ernährten sich von Tieren. Pflanzenfresser scheinen unbekannt zu sein.

Die formenreichste Gruppe unter den Labyrinthzähnern und den Lurchen überhaupt sind die Schnittwirbler (Ordnung Temnospondyli), so benannt, weil die Wirbelkörper aus zwei ringförmigen Scheiben, einer vorderen kleineren und einer hinteren größeren, bestehen, also gewissermaßen wie quer zerschnitten anmuten. Die Paläozoologen kennen rund 130 Gattungen und verteilen sie auf etwa 35 Familien. Der Körper dieser Tiere behielt seine »Salamandergestalt«, die Gliedmaßen bildeten sich nicht zurück, die Zahl der Wirbel erhöhte sich höchstens mäßig. Die urtümlichen Vertreter lebten in den Sümpfen der Steinkohlenzeit. Sie waren klein, hatten gewölbte Schädel und noch den beschriebenen Wirbelaufbau. Im Perm nahmen die Schädel flachere Gestalt an, in der Trias setzte sich diese Entwicklung fort. Flache Schädel und große Augenhöhlen mancher Arten erinnern stark an Froschlurche. Der schon erwähnte amerikanische Paläontologe Romer hat sie daher sogar als Vorfrösche (Eoanura) gewertet. Die Schnittwirbler des Perms erreichten bereits mehrere Meter Länge. Sie paßten sich zum großen Teile dem Leben auf dem Lande an. In der Trias sind die Schnittwirbler dann wieder mehr zum Wasserleben übergegangen. Zu den Riesen unter ihnen gehört *Mastodonsaurus* aus der Trias Europas. Sein mächtiger Schädel wurde 1 m lang. Die Nahrung dieses Tieres dürfte zur

Hauptsache aus Fischen bestanden haben. Im Munde eines *Mastodonsaurus*, dessen Schädel bei Bedheim in Thüringen geborgen wurde, fanden sich der Zahn eines Lungenfisches und andere Fischzähne. Viele Arten hatten »normalgestaltete« Schädel, manche dagegen wie *Trematosaurus* als Fischfresser eine lange Schnauze. Diese Geschöpfe hatten sich ganz dem Leben im Meere angepaßt; das ist für Lurche völlig ungewöhnlich und geradezu eine Kuriosität. Andere Schnittwirbler behielten als Wasserbewohner zeit ihres Lebens äußere Kiemen, darunter *Gerrothorax* aus der oberen Trias Schwedens. Diese Form ist dadurch interessant, daß sie sich außer durch Bauchrippen auch durch Bauchschuppen auszeichnete.

Vorreptilien – Ahnen der Kriechtiere?

Erwähnen wir noch als vierte und zugleich ebenfalls sehr bedeutsame Ordnung der Labyrinthzähner die Vorreptilien (Batrachosauria). Ihr Erkennungsmerkmal besteht darin, daß von den Knochen der Schädeloberseite das Tafelbein (Tabulare) mit dem Scheitelbein (Parietale) unmittelbaren Kontakt hat; darin offenbart sich ihre Hinwendung zu den Kriechtieren. Man rechnet ihnen die Steinkohlensaurier (Anthracosauria) und die Seymourlurche (Seymouria) zu; dieser Name bezieht sich auf die Seymourinsel in Nordamerika. Diese meist kleineren, aber auch größeren Salamander lebten in der Permzeit. Sie bieten ein ausgezeichnetes Beispiel für Mosaikformen und vereinigen in sich Merkmale von Fischen, Lurchen und Kriechtieren und wurden deshalb je nach Wertung ihrer Eigenheiten bald den Lurchen, bald den Kriechtieren zugerechnet. Inzwischen kennt man aber von jugendlichen Exemplaren aus diesem Verwandtschaftskreis Kiemenbögen und Reste von Seitenlinienorganen, die als flache Rinnen auf den Schädelknochen ausgebildet sind, also sichere Merkmale eines Larvenlebens. Weil Kriechtiere bekanntlich kein Larvenstadium durchlaufen, können diese Tiere nichts anderes als Lurche sein. Auch als direkte Vorläufer der Kriechtiere kommen sie nicht in Betracht, denn diese treten bereits am Ende der Steinkoh-

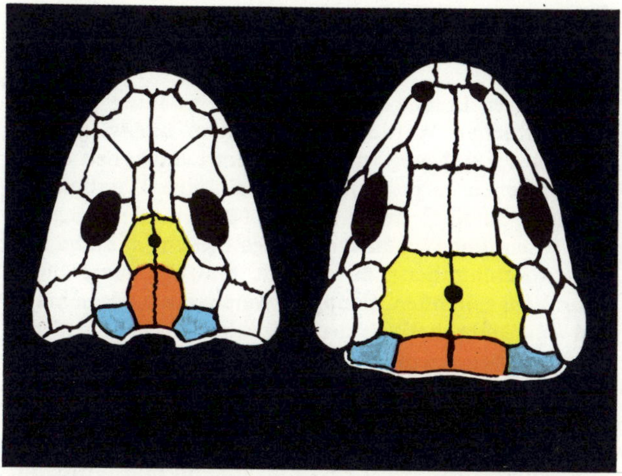

Schädel vom Fischschädellurch (links) und vom Seymourlurch. Gelb: Scheitelbein, rot: Hinterscheitelbein, blau: Tafelbeine. Bei dem Seymourlurch, einem Vertreter der Vorreptilien, grenzt das Tafelbein unmittelbar an das Scheitelbein.

lenzeit auf, sie sind also erdgeschichtlich älter als die Seymourlurche. Die Steinkohlensaurier lebten von Anfang des Karbons bis in das Perm hinein. Auch sie machten eine Umwandlung durch und sind demnach Lurche.

Auf echte Kriechtiere trifft man ziemlich unvermittelt am Ende des Karbons. Die Anfänge der Geschichte der Kriechtiere liegen allerdings noch weiter zurück und sind unbekannt. Die plötzliche Entfaltung dieser Wirbeltiergruppe mag mit den Umweltveränderungen im Zusammenhang stehen, die sich am Ende des Karbons einstellten und im Perm verstärkten. Das vorher feuchte, warme Klima wurde zunehmend trockener. Die Urwälder schrumpften, die Sümpfe verloren an Ausdehnung, Sandsteppen und Wüsten gaben weiten Teilen der Erde das Gepräge. Dennoch gingen wir völlig fehl, wollten wir das Leben der Kriechtiere auf dem Lande als ihr hervorstechendstes Merkmal ansehen. Nicht wenige Tiere ihrer Verwandtschaftskreise in Vorzeit und Gegenwart wie Fischsaurier, Schildkröten, Krokodile, Seeschlangen lebten und leben hauptsächlich im Wasser oder »amphibischer« als manche Lurche.

Die stammesgeschichtliche Bedeutung der heutigen Lurche

Die heutigen Lurche sagen uns, wenn wir ihren stammesgeschichtlichen Werdegang betrachten, nur wenig über den Entwicklungsweg vom Fisch zum Landwirbeltier. Bei den Fröschen setzt die erdgeschichtliche Überlieferung mit den Anfängen des Juras ein. Nahezu alle versteinerten Froschlurche sehen wie heutige Frösche aus. Die meisten Froschfamilien sind sehr alt, und besonders die als urtümlich geltenden Gruppen waren einst formenreich und weit verbreitet. Zu diesen zählen die heutigen neuseeländischen Urfrösche, die nordamerikanischen Schwanzfrösche, die in Südamerika und Afrika lebenden Zungenlosen (Wabenkröten, Krallenfrösche) und Scheibenzüngler (Geburtshelferkröten, Unken). Ein echtes Bindeglied zwischen Labyrinthzähnern und Froschlurchen wurde erst im Jahre 1936 in der unteren Trias von Madagaskar entdeckt. Dieser Vorfrosch *(Triadobatrachus massinoti)* hatte noch sechzehn Wirbel vor dem ersten Schwanzwirbel – alle heutigen Frösche haben höchstens neun Wirbel – und zwei bis drei selbständige, nicht zu einem Steißbein verschmolzene Schwanzwirbel in dem kurzen, freien Schwanz. Auch ein Froschlurch aus dem Jura Patagoniens *(Notobatrachus degiustoi)* wird als urtümlich angesehen. Die ungewöhnlich gut erhaltenen Froschlurche aus dem Mitteljura Patagoniens sind durchaus moderne Frösche. Vermutlich hat sich die Lebensweise dieser Tiere seit der Vorzeit ebensowenig geändert wie ihre Froschgestalt. Auch die meisten Familien der Schwanzlurche sind erdgeschichtlich sehr alt und haben sich seit ihrem ersten Auftreten in der Mitte des Juras

Angehörige stammesgeschichtlich alter Froschfamilien. Von oben links nach unten rechts: Hochstetters Urfrosch (Leiopelma hochstetteri), 4 cm, Neuseeland, Schwanzfrosch (Ascaphus truei), 4 cm, westl. Nordamerika, Familie Urfrösche (Leiopelmatidae). – Geburtshelferkröte (Alytes obestetricans), 5 cm, Männchen mit Laichschnüren um die Oberschenkel gewickelt, Gelbbauchunke (Bombina variegata), 4,5 cm, Rotbauchunke (Bombina bombina), 4,5 cm, bei uns heimisch, Familie Scheibenzüngler (Discoglossidae)

kaum oder wenig verändert. So läßt sich auch der Werdegang dieser Gruppe unter den Lurchen nicht eindeutig beurteilen. Ihre genaue Herkunft ist noch unbekannt. Manche Forscher leiten die Froschlurche von Schnittwirblern des Perms, die Schwanzlurche von Ursalamandern und die Blindwühlen von Schlangenlurchen ab. Von anderen wiederum werden alle heutigen Lurche auf eine gemeinsame Wurzel zurückgeführt, wofür es mancherlei Argumente gibt. Wahre Landwirbeltiere sind erst die Kriechtiere, und auch deren Herkunft ist noch ungeklärt.

Eine Erkenntnis können wir mit Sicherheit in den vorstehenden Angaben bestätigt finden: Von der Vielfalt vorzeitlicher Lurche haben sich unter der anhaltenden Wirkung Jahrmillionen währender natürlicher Auslesevorgänge nur vergleichsweise geringe Reste dieser einst so mannigfaltigen Wirbeltierklasse erhalten. Wie sich dieser Rückgang im einzelnen vollzogen hat, weiß man nicht. Merkmale und Eigenschaften, die einst nützlich oder zumindest nicht von Nachteil waren, können sich während der folgenden Entwicklung in einer späteren Umwelt mit oft völlig andersartigen Existenzbedingungen als konkurrenzunterlegen und ungünstig erweisen. Ähnlich einem engmaschigen Netz hat die Selektion allein jene Formen übriggelassen, die durch die engen Maschen hindurchzuschlüpfen vermochten. Diese Entwicklung läßt sich am treffendsten als eine durch Auslese gesteuerte Rationalisierung der Formen, körperbaulicher Eigenheiten und Funktionen kennzeichnen. Die heutigen Lurche zeigen neben mancherlei Unterschieden eine beachtliche Anzahl gemeinsamer Züge. Nicht immer läßt sich zuverlässig sagen, ob diese auf gemeinsamer Abstammung oder auf Anpassung an übereinstimmende Auslesebedingungen beruhen.

Riesenformen auf dem Lande vermissen wir heute völlig. Die meisten Landlurche bleiben kleiner als 20 cm. Einige wasserlebige Molchlurche und unterirdisch wühlende Schleichenlurche werden länger. Wir begegnen diesen Tieren vielfach an Lebensstätten, die ihnen von anderen Wirbeltieren nicht ernstlich streitig gemacht werden. Hier spielen sie oft auch heute noch eine Art »beherrschende« Rolle. Aus der Bodenstreu und anderen Mikrobiotopen des tropischen Regenwaldes werden in zunehmendem Maße zwerghafte Froschlurche von kaum mehr als 15 mm Länge als wichtiger Faunenbestandteil bekannt.

Warum wurden Wirbeltiere Landbewohner?

Erinnern wir uns nochmals an die Tiere, von denen am Anfang dieses Kapitels die Rede war, an Quastenflosser und Fischschädellurche. Sie lebten Seite an Seite in demselben Lebensraum, in Süßwasserseen und Sümpfen. Worin mögen die Gründe bestanden haben, daß aus Fischen Vierfüßer hervorgingen, die sich aktiv auf dem Lande fortbewegen konnten? Sicherlich waren es die charakteristischen Umweltverhältnisse in jener erdgeschichtlichen Epoche, die diesen stammesgeschichtlich entscheidenden Entwicklungsschritt ermöglichten und beeinflußten. Im Devon hatten Pflanzen begonnen, das feste Land zu erobern, zuerst zaghaft, dann zahlreicher. Ihnen waren wirbellose Tiere gefolgt, die von Pflanzen, Pflanzenabfällen und -rückständen lebten. Diese wiederum zogen Tiere nach sich, die sich von anderen Tieren ernährten. So war das Festland nicht mehr völlig unbesiedelt. Besonders in den Randgebieten der Seen und Sümpfe reicherten sich Landorganismen an. Aber das allein ist wohl kaum ein ausreichender Grund für die Eroberung des Festlandes durch Vierfüßer. In den Gewässern waren die Lebensbedingungen im allgemeinen günstiger, und die Nahrung war reichhaltiger als auf dem noch immer öden Festland. Romer hat in seinem bekannten Lehrbuch über die Paläontologie der Wirbeltiere (Vertebrate Paleontology) auf unsere Frage eine durchaus einleuchtende Antwort gegeben:

Viele der frühesten Lurche scheinen ziemlich große Formen gewesen zu sein, die sich von Tieren ernährten und einen beträchtlichen Teil ihrer Lebenszeit in Süßwassertümpeln zubrachten. Zusammen mit ihnen lebten ihre nächsten Verwandten, die Quastenflosser. Sie ernährten sich ähnlich und unterschieden sich von ihnen nur durch die geringere Entwicklung paariger Gliedmaßen.

Luft atmen konnten die Lurche an der Wasseroberfläche. Zur Nahrungssuche brauchten sie das Wasser nicht zu verlassen, denn für sie als Fleischfresser war der Tisch auf dem Lande nicht sehr reichlich gedeckt. Auch Feinde drohten den Lurchen im Wasser nicht, gehörten sie doch zu den größten Tieren des Süßwassers, aus dem sie kamen.

Daß sie zum Landleben übergingen, scheint nur das Ergebnis einer Anpassung gewesen zu sein, die es ihnen ermöglichte, im Wasser zu bleiben. Diese überraschend anmutende Behauptung begründet Romer so: »Die frühesten bekannten Lurche lebten ganz genauso wie die gleichzeitigen verwandten Quastenflosser. Beide kamen in denselben Flüssen und Seen vor, beide ernährten sich von denselben Fischen. Solange genügend Wasser vorhanden war, erwiesen sich die Quastenflosser wahrscheinlich als die besser angepaßte von beiden Gruppen, denn sie waren offensichtlich die besseren Schwimmer. Das Devon, in dem sich die Landanpassungen herausbildeten, war anscheinend ein Abschnitt der Erdgeschichte mit saisongebundenen Trockenzeiten. In diesen dürfte das Leben im Wasser schwierig gewesen sein. Selbst dann, wenn das Wasser nur sauerstoffarm und faulig wurde, konnten die Quastenflosser an der Oberfläche genauso gut atmen wie die Lurche. Wenn aber der Resttümpel völlig austrocknete, erging es den Lurchen besser. Der Fisch, unfähig, sich auf dem Lande fortzubewegen, mußte im Schlamm verbleiben und sterben, wenn sein Tümpel nicht bald wieder Wasser erhielt. Doch der Lurch mit seinen zwar kurzen, unbeholfenen, aber dennoch wirkungsvollen Gliedmaßen konnte aus dem Tümpel kriechen und überland den nächsten Tümpel erreichen, der noch genügend Wasser enthielt. Statt unmittelbar das Wasser aufzusuchen, konnten die Lurche auf den Uferbänken verweilen und sich dort von gestrandeten Fischen oder von Insekten ernähren. Die größeren Fleischfresser verzehrten kleinere Lurche. Auf diesem Wege dürfte der Anfang einer Landfauna zu denken sein.«

Anpassungen an das Landleben

Wandlungen des Gerippes und seiner Leistungen

Fünffingrige und fünfzehige Gliedmaßen erweisen sich als eine der Voraussetzungen für eine wirkungsvolle, aktive Fortbewegung der Lufttiere auf dem Lande. Die Gliedmaßen dienen jetzt nicht mehr als Steuerorgane wie vordem die Flossen der Fische. Sie haben den gesamten Körper in der Luft zu tragen und fortzubewegen. Dazu müssen sie stark genug gebaut und mit kräftigen Gelenken ausgestattet sein. Notwendig ist ihre feste Verbindung mit Einrichtungen, die das in der Luft weit höhere Körpergewicht auf die Gliedmaßen verlagern. Diese Aufgabe erfüllen zwei Gliedmaßengürtel, die sich am vorderen und hinteren Rumpfende direkt oder indirekt der Wirbelsäule anheften: Brustschultergürtel und Beckengürtel. Beide sind bei Fischen nur schwach entwickelt, sie nehmen aber jetzt an Stärke und Beweglichkeit ganz entscheidend zu. Die Wirbelsäule wiederum bildet die Aufhängevorrichtung für alle Organe und wird dadurch das statische und mechanische Zentrum des Körpers. Allen Beanspruchungen des Luftlebens muß sie gewachsen sein. Bei den Lurchen bahnen sich Veränderungen der Wirbelsäule an, die sich bei Kriechtieren und Säugern zu weit höherer Vollkommenheit entfalten: Festigkeit und Beweglichkeit. Sie erfordern eine Gliederung in Hals-, Rumpf-, Kreuzbein- und Schwanzgegend mit unterschiedlichen Aufgaben. Rippen, die mit den allmählich völlig verknöcherten Wirbeln in Verbindung stehen, stützen die Rumpfwände. Das gesamte Gerippe mit allen

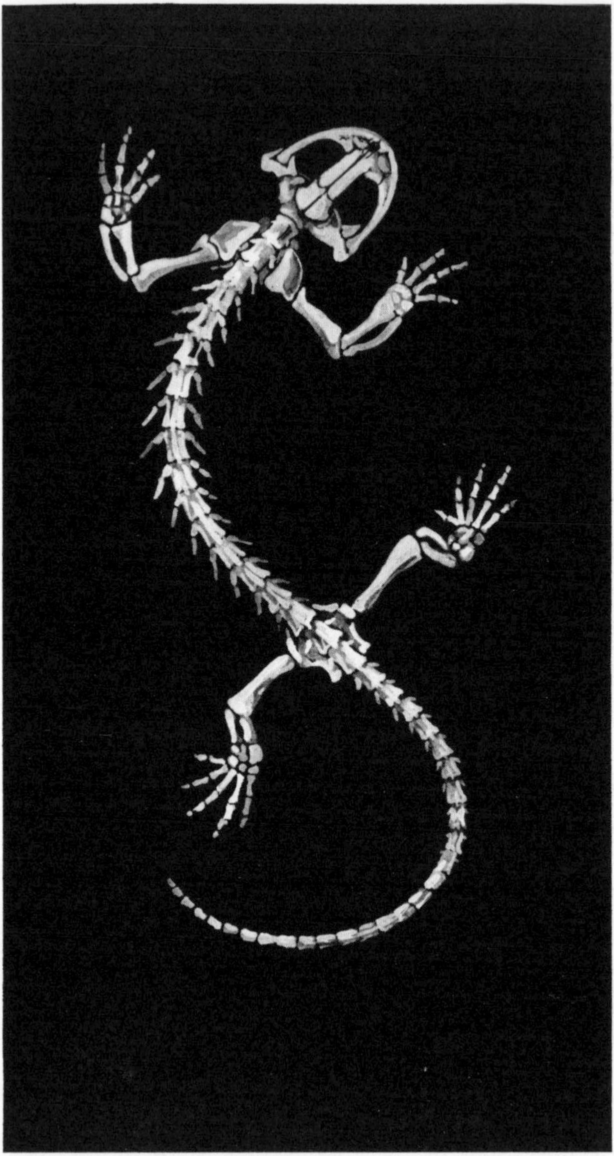

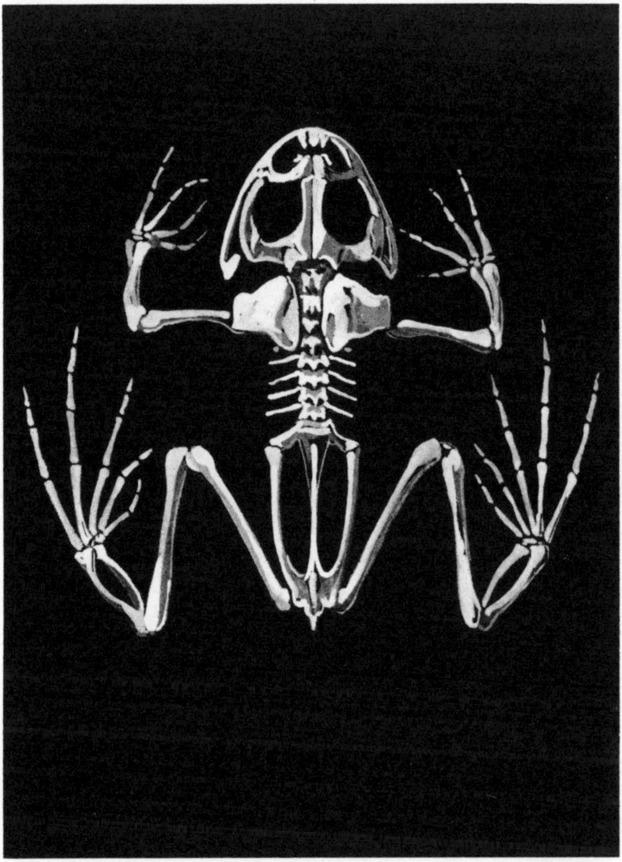

Die Gerippe des Feuersalamanders (links) und des Wasserfrosches (rechts) zeigen zwei völlig verschiedene Anpassungstypen an das Landleben. Der Salamander hat einen langgestreckten, walzenförmigen Rumpf, einen langen Schwanz und etwa gleich große Vorder- und Hintergliedmaßen, eingerichtet zum Schreiten und Laufen. Der Frosch ist viel breiter gebaut, hat eine kurze Rumpfwirbelsäule, nur acht Wirbel vor dem Kreuzbein. Die ursprüngliche Schwanzwirbelsäule hat sich rückgebildet. Ein Knochenstab, das Steißbein, ist entwicklungsgeschichtlich aus der Verschmelzung von Schwanzwirbeln hervorgegangen. Die Hintergliedmaßen haben sich zu mächtigen Sprungbeinen umgebildet. Springend und hüpfend bewegt sich der Frosch fort.

Gelenkverbindungen zwischen den Einzelteilen ist kräftiger und fester geworden, als es bei den Fischen war. Knorpel tritt mehr und mehr zurück und wird, wo sich die Notwendigkeit dazu ergibt, durch Knochenmaterial ersetzt. Kennt man die Werte aller zu berücksichtigenden konstanten und variablen Größen sowie die körperbaulichen Eigenheiten, dann kann man unter Beachtung der Gesetze der Mechanik die Kräfte und deren Wirkungen rechnerisch zu ermitteln versuchen, die bei der Fortbewegung eine Rolle spielen. Zweifellos ist das ein außerordentlich schwieriges Unterfangen. Wir wollen hier erst gar nicht den Versuch dazu unternehmen. Wer wissen möchte, wie sich die ursprünglichen Labyrinthzähner auf dem Lande fortbewegt haben, braucht nur einen heutigen Molch zu beobachten. Dieser schreitet in derselben Weise wie jene vorzeitlichen Lurche. Wie die paarigen Flossen bei den Fischen, so stehen auch bei diesen Tieren die Gliedmaßen seitlich vom Körper ab, ein Merkmal, das sie von den Ahnen ererbten. Die Bedingungen für die Fortbewegung auf dem Festland sind aber von denen im freien Wasser völlig verschieden. Darin läßt sich ein Grund für die Schwerfälligkeit vieler Lurche erblikken. Der Körper ist an den oberen Enden der aufgewinkelten Arme und Beine aufgehängt. Deshalb kann er nur mit Muskelkraft vom Boden abgehoben werden. In Bewegungspausen wird er darum auch von den heutigen Lurchen zur Krafterspanis dem Boden aufgelegt. Eine elegante Fortbewegungsweise haben die Froschlurche entwickelt. Während des Sprunges haben sie nur den Luftwiderstand zu überwinden, nicht aber Reibungswiderstand am Boden. Springer sind schneller als die schnellsten Salamander. Die große Stabilität ihrer Körperlage sorgt dafür, daß die Springer nach dem Sprung immer wieder »richtig« auf der Unterlage »landen«. Durch vielfältige Gelenke an Händen und Füßen können sie Hand- und Fußflächen allen Unebenheiten anschmiegen.

Ein niedriges Schädelgewicht ist vor allem für springende Frösche von großer Bedeutung. Das Rückgrat der Frösche weist vor dem Kreuzbeinwirbel höchstens acht Wirbel auf. Der neunte Wirbel ist bereits das Kreuzbein.

Danach folgt bei ihnen dann nur noch ein kurzer Knochenstab, das Urostyl, hervorgegangen aus der Verschmelzung einiger Schwanzwirbel. In Anpassung an die Erfordernisse des Lebens auf dem Lande hat sich das Gewicht des gesamten Gerippes der Lurche erheblich verringert. Die Knochen sind zarter und leichter geworden. Manche, besonders am Schädel, sind sogar völlig geschwunden.

Zu den Lebensfunktionen der Landtiere gehört nicht allein die Fortbewegung. Sie müssen sich gegen unerwünschte Wasserverluste, Überhitzung und Unterkühlung schützen. Sie müssen in der Luft atmen, sich ernähren und fortpflanzen können. Kurz, der funktionsgerechte Ablauf aller Lebensvorgänge muß gesichert sein. Das erfordert mannigfaltige spezielle Einrichtungen des Körperbaus, der Körperfunktionen und Besonderheiten des Verhaltens im Vergleich zu Wassertieren. Alle Organe sind betroffen. Wie sich solche Umwandlungen vollzogen haben, wollen wir an einigen Beispielen betrachten.

Die Haut – Mittler zwischen Körper und Umwelt

Ein überaus wichtiges Organ ist die Haut. Sie bildet keineswegs nur eine Art Verpackung, die den Körper gegen die Umwelt abgrenzt, seine äußere Form mitbestimmt, den Zusammenhalt der Teile fördert und die Farbtracht hervorbringt. Sie dient dem Schutz gegen mechanische und chemische Einwirkungen, sie ist am Gesamtstoffwechsel stark beteiligt, sie hat wesentlichen Anteil am Stoffaustausch zwischen Körper und Umwelt in beiden Richtungen und ist Sitz zahlreicher Sinnesleistungen. Obwohl Oberhaut und die unter ihr liegende Lederhaut zusammen den Körper nur als eine verhältnismäßig dünne Hülle überziehen, ist der Aufbau sehr verwickelt.

Die heutigen Lurche haben eine weiche, feuchte Haut, ohne Federn wie die Vögel und ohne Haare wie die Säugetiere, aber auch ohne Panzerung wie die Fischahnen, aus denen sie einst hervorgegangen sind, oder wie viele altertümliche Lurche, die ihre Panzerung von den Ahnen

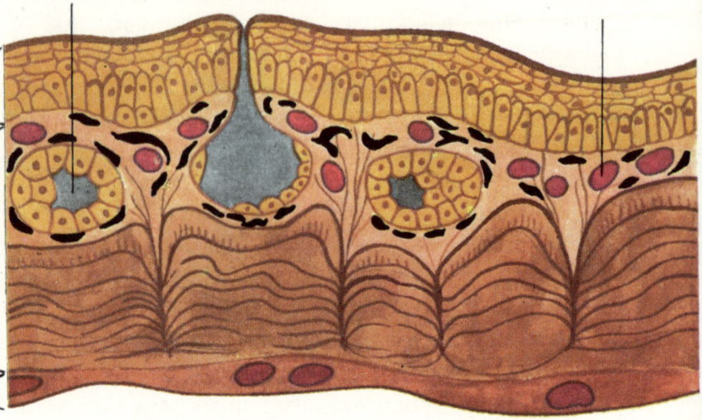

Die Rückenhaut des Frosches im Schnitt, nach einem mikroskopischen Präparat: Den äußeren Abschluß bildet eine dünne Schicht abgestorbener verhornter Zellen; nur diese Hornschicht wird »gehäutet«. Darunter folgen Keimschicht, Lederhaut und Unterhaut. Der Übergang der lebenden Oberhautzellen in die Hornschicht vollzieht sich allmählich. Auffallend ist der Reichtum der Lurchhaut an Schleim- und Gift- oder Körnerdrüsen. Die zahlreichen Blutgefäße sind für die Hautatmung wichtig. Farbzellen, Bindegewebe und Nerven sind weitere Bestandteile der Haut.

ererbten. Solche Knochenpanzer, die bei Wassertieren vom Auftrieb des Wassers nahezu getragen werden, bilden für Lufttiere (Landtiere) eine schwere Last. Schon bei den altertümlichen Lurchen läßt sich die Neigung beobachten, die Knochenschilder auf der Körperoberseite zurückzubilden. Auch die Bauchpanzerung ist inzwischen völlig geschwunden. Sie hatte wohl noch bei solchen schwerfälligen Lurchen als Schutzeinrichtung biologische Bedeutung, die ihren Körper über rauhen Untergrund schleppten. Reste eines altertümlichen Hautpanzers finden sich heute noch bei einigen Blindwühlen in Form kleiner, in der Haut verborgener Schuppen, wo sie Schutz und vielleicht die erforderliche Festigkeit bei der Fortbewegung in Erdröhren vermitteln. Nachträgliche (sekundäre) Verknöcherungen in der Haut haben sich als Schutzeinrichtungen bei einigen modernen Froschlurchen ausgebildet, die sich im Boden eingraben. Zu diesen zählen die europäischen Knoblauchkröten und manche Laubfrösche. Es gibt aber sekundäre Knochenablagerungen in der Haut auch bei Froschlurchen, die nicht graben; am auffälligsten sind sie bei der kaum 2 cm großen, am Boden lebenden brasilianischen Sattelkröte *(Brachycephalus ephippium)*. Bei diesem Lurch verbindet sich eine breite Knochenplatte mit den Dornfortsätzen des zweiten bis siebenten Wirbels. Eine biologische Bedeutung dieser Bildungen scheint bisher nicht bekannt zu sein.

Den äußeren Schutz der Körperoberfläche übernimmt bei umgewandelten Lurchen eine dünne Schicht aus abgestorbenen, verhornten Zellen der Oberhaut. Sie wird bei den »Häutungen« in Fetzen oder – entfernt vergleichbar einem Natternhemd – im ganzen abgestoßen. Durch nachrückende Zellen wird die Hornschicht ständig neu gebildet. Sie ist so dünn, daß Kröten und Molche, die sich in einem Stück häuten, ihre alte »Haut« dabei gleich verschlingen. Ernährungszustand, Feuchtigkeit, Temperatur, innere Sekretion sind für die Häufigkeit der Häutungen entscheidend. Während ihrer lebensaktiven Zeiten häuten sich viele Arten wie der Amerikanische Grüne Laubfrosch *(Hyla cinerea)* oder der im nördlichen Südamerika heimische Ruderlaubfrosch *(Hyla crepitans)* sogar jeden Abend, andere, z. B. Kröten, jeden zweiten Tag. An manchen Körperstellen kann es zu stärkeren Hornbildungen kommen, so an den Fersenhöckern grabender Froschlurche, die – wie bei den Knoblauchkröten – als Grabschaufeln benutzt werden, oder an den Brunftschwielen männlicher Froschlurche, die dazu dienen, das Weibchen bei der Paarung sicherer festzuhalten. Hornbildungen an Finger- und Zehenspitzen kommen auch bei Wasserlurchen vor und können dazu dienlich sein, daß die Tiere – besonders am Grunde der Gewässer – weit besseren Halt gewinnen. Als Beispiele seien die krallenähnlichen Bildungen der Larven des asiatischen Krallenmolches *(Onychodactylus)* und zahlreicher anderer Schwanzlurche erwähnt. Der afrikanische Krallenfrosch oder Spornfrosch wird sogar nach seinen Krallen benannt.

Neben dem notwendigen Schutz gegen mechanische Beschädigungen des Körpers, die am Lande leichter eintreten können als im freien Wasser, ist der Schutz gegen Wasserverlust, den die Hornschicht ausübt, ziemlich unbedeutend. Er ist nur in dem natürlichen, feuchtigkeitsreichen Lebensraum dieser Tiere angemessen. Setzt man Lurche der Luft aus, so vertrocknen sie, wenn sie keine Möglichkeit haben, durch ihre Haut Wasser aus der Umgebung aufzunehmen. Lurche trinken nicht. Das mag bei dem großen Feuchtigkeitsbedürfnis dieser Tiere überraschen. Sie verfügen jedoch über ein für sie biologisch weit »sinnvolleres« Verfahren, ihren Feuchtigkeits- und Wasserbedarf zu decken. Durch die Haut saugen sie das Wasser auf und geben es z. T. durch die Haut wieder ab.

Auch Frösche können schwitzen

Als kennzeichnend für die Haut der Lurche erweist sich schließlich ihr unvergleichlicher Reichtum an Schleim- und Gift- oder Körnerdrüsen. Für den Grasfrosch *(Rana temporaria)* werden als Durchschnitt sechzig Drüsen je Quadratmillimeter Hautoberfläche angegeben, für den ganzen Frosch mit 50 bis 55 cm^2 Oberfläche also fast eine drittel Million. Unterschiedliche Körperteile können verschieden stark mit Hautdrüsen ausgestattet sein. Obwohl die Anzahl bei der gleichen Art erheblich schwanken kann, sind artliche Unterschiede festzustellen, die Beziehungen zur Lebensweise erkennen lassen. Die Aufgaben der Hautdrüsen sind mannigfaltig. Auch die gleichförmigen oder feinkörnigen Ausscheidungen der über die gesamte Körperoberfläche verteilten Schleimdrüsen sind etwas giftig und klebrig. Das Sekret hält die Hautoberfläche feucht und fördert dadurch bei luftlebenden Lurchen die Wirksamkeit der Haut als Atmungsorgan. Bei Wassertieren dagegen schränkt es das Eindringen von Wasser in das Körperinnere durch Diffusion ein. Es wirkt der Verdünnung der Körperflüssigkeiten und des Zellplasmas durch Wasser entgegen. Schleimhüllen als Schutzeinrichtungen im Dienste der Regulierung der Diffusion – genauer gesagt, Osmoregulation – sind im Tierreich weit verbreitet. Diese Aufgabe fällt auch den Gallerthüllen zu, mit denen die Eier der Lurche in den Eileitern der Weibchen ausgestattet werden. Auf diese Weise wird dafür gesorgt, daß ein bestimmtes Milieu im Inneren erhalten bleibt, das die Voraussetzung für den geregelten Ablauf der Lebensvorgänge bildet.

Bei Landlurchen führt reichliche Schleimabgabe zu Wasserverlusten. Deshalb paßt sich die Zahl der Schleimdrüsen dem Lebensraum an. Vorwiegend im Wasser lebende Lurche wie z. B. Unken haben verhältnismäßig mehr Schleimdrüsen als hauptsächlich an der Luft lebende wie Kröten.

Auch im Bau der Drüsen treten Unterschiede auf, die sich als biologisch zweckmäßige Anpassungen erweisen. Lange Ausführungsgänge der Drüsen mindern die Gefahr des Austrocknens. Die Länge des Drüsenhalses ist meßbar; und so hat man herausgefunden, daß die Länge des Drüsenhalses, gemessen in tausendstel Millimetern, bei der Unke, einem Wasserlurch, etwa 12 beträgt, bei der Erdkröte, einem Landlurch, etwa 43 und bei dem Grasfrosch, einer ökologischen Zwischenform, ungefähr 25.

Wesentlich mehr Drüsen als die Wasserlurche hat der Laubfrosch. Er lebt vorwiegend in trockener Luft und sonnt sich gern und ausdauernd. Das spricht nur scheinbar gegen die genannte Regel. Die Ausführungsvorgänge der Drüsen enthalten beim Laubfrosch einen besonderen Schließapparat. Diese Einrichtung ist mit den Spaltöffnungen der Pflanzen vergleichbar. Sie drosselt die Wasserabgabe auf ähnliche Weise. So bedeutet dem Laubfrosch die große Zahl der Hautdrüsen keine Gefahr.

Beim Verdampfen von Wasser entsteht bekanntlich Verdunstungskälte. Diese können Landtiere dazu ausnutzen, bei zu großer Erhitzung die Körpertemperatur zu senken. Das Prinzip ist allgemein bekannt, man nennt es schwitzen. Auch Frösche können schwitzen und dadurch zu einer aktiven Regulierung ihrer Körpertemperatur beitragen.

Die Hautausscheidungen stehen schließlich auch im Dienste der Beseitigung von Abfällen aus den Stoffwechselvorgängen. Der Schleim nimmt mit dem Wasser gelöste Rückstände an die Körperoberfläche mit und entlastet dadurch die Nieren.

Gift- und Körnerdrüsen, die alle Lurche besitzen, sind

nicht so gleichmäßig wie die Schleimdrüsen über die Körperoberfläche verteilt. Sie häufen sich an bestimmten Stellen wie in den Ohrdrüsen der Feuersalamander und Kröten oder in den Hautleisten auf den Rückenseiten der Frösche. Die Ausscheidungen dieser Drüsen sind giftig. Das Gift dient hauptsächlich dem Schutz gegen Feinde, das des Riesenlaubfrosches von Haiti *(Hyla vasta)* und des hübschen südafrikanischen Wendehalsfrosches *(Phrynomerus bifasciatus)* entzündet sogar die menschliche Oberhaut. Unter natürlichen Bedingungen werden Angehörige der eigenen Art im allgemeinen nicht geschädigt. In Gefangenschaft dagegen kommt das bei unzweckmäßiger Hälterung häufiger vor, z. B. dann, wenn Behälter zu stark mit Tieren besetzt oder Larven mit erwachsenen Tieren zusammen gehalten werden. Zu den stärksten bekannten tierischen Giften zählt das des Pfeilgiftfrosches *(Phyllobates bicolor)*. Um es als Pfeilgift zu verwenden, muß man es vorher aufbereiten. Wie dieser Frosch, so tragen auch viele andere, wenn auch durchaus nicht alle Giftfrösche eine leuchtende Farbtracht. Andererseits sind Frösche mit einem auffälligen Farbkleid keineswegs im-

Die Hautausscheidungen aller Lurche sind giftig und dienen diesen Tieren als Schutz, nicht zum Beuteerwerb. Von oben nach unten (mit Angabe der Tiergröße): Der Zweifarben-Blattsteiger (Phyllobates bicolor), 4 cm, Südamerika, gehört zu den Lieferanten indianischen Pfeilgiftes. Er ist Vertreter der in den amerikanischen Tropen heimischen Familie der Baumsteigerfrösche, die sich durch bemerkenswerte elterliche Fürsorge auszeichnet. Die Larven kriechen auf den Rücken des Männchens oder auch des Weibchens und werden dann in Wasseransammlungen abgesetzt, wo sie ihre Entwicklung vollenden. – Der an Giftdrüsen reiche Schwanz des Oregon-Salamanders (Ensatina eschscholtzii), 12 cm, westliches Nordamerika, ein Vertreter der Lungenlosen Salamander ohne Wasserlarven, die Ohrdrüsen des Feuersalamanders (Salamandra salamandra), 20 cm, Nordwestafrika, Mittel- und Südeuropa, Westasien, die Ohrdrüsenwülste der Aga-Riesenkröte (Bufo marinus), 25 cm, Südamerika, weltweit zur Schädlingsbekämpfung in Zuckerrohrpflanzungen eingebürgert und durch Giftigkeit und wegen Fehlens natürlicher Feinde zuweilen selbst zum Schädling geworden, sind Beispiele dafür, daß sich die Giftdrüsen an bestimmten Körperstellen häufen.

mer zugleich Giftfrösche. Das Gift dient zur Abwehr und Verteidigung, nicht aber zum Töten der Beute wie z. B. bei Schlangen. Manche anscheinend harmlose, wohlschmeckende Frösche haben vielfältige Schutzeinrichtungen entwickelt, so die Nachahmung stark giftiger Arten. Der Südfrosch *Lithodytes lineatus* im tropischen Regenwald Südamerikas erinnert in seiner Farbtracht an die giftigen Blattsteiger (*Phyllobates femoralis* und *pictus*) und lebt außerdem mindestens zeitweilig in Nestern der Blattschneideameise.

Manche Lurche sind wasserdicht

Eine Reihe von Arten bildet aus Schleimsekret oder aus verhornten Zellagen der Oberhaut einen Kokon, der den gesamten Körper bis auf Öffnungen im Mundbereich während langer unterirdischer Ruheperioden in Trockenzeiten in ausgetrocknetem, verhärtetem Schlamm oder im trockenen Boden umschließt und Wasserverluste erheblich reduziert. Der Armmolch *Siren intermedia* vermag in einem pergamentähnlichen Kokon aus abgesondertem Schleim selbst länger als ein volles Jahr zu überleben. Zusätzlich werden Sauerstoffverbrauch und Herzfrequenz stark eingeschränkt, die Kiemen rückgebildet und angemessene Anpassungen im Stoffwechsel vorgenommen. Der Körper schrumpft beträchtlich zusammen. Verluste bis zu 50 % des vorherigen Körpergewichtes können evtl. ertragen werden. Aber dennoch bestimmen schließlich Klimaextreme teilweise die Verbreitungsgrenze dieses nordamerikanischen Molchlurches.

Zahlreicher sind kokonbildende Froschlurche. Zu diesen zählen der südamerikanische Grabfrosch *Pternohyla fodiens,* der südafrikanische Ochsenfrosch *Pyxicephalus adspersus*, australische Wasserreservoirfrösche *(Cyclorana)* und noch weitere in Trockengebieten beheimatete Arten. Die Kokons bestehen aus 20 bis 60 Lagen verhornter Oberhautzellen, sind weniger als 0,1 mm dick, umschließen stets den ganzen Frosch bis auf Öffnungen für die Nasenlöcher und können je nach Art den Wasserverlust gegenüber dem ungeschützten Tier bis zu 50 % herabsetzen. Nach manchen Erkenntnissen besteht auch der Kokon des Armmolches aus verhornten Oberhautzellen. Nordamerikanische Schaufelfüße *(Scaphiopus couchii)*, die sich im lockeren Erdreich so tief eingraben, daß sie feuchteren Boden erreichen, bilden keine geschlossenen Kokons.

Nachtaktive Makifrösche *(Phyllomedusa sauvagei)* verbringen den Tag völlig unbeweglich in trockener Luft schlafend, mit geschlossenen Augen auf Zweigen von Sträuchern und Bäumen sitzend, ohne mehr als 5 oder 10 % der Wassermenge zu opfern, die andere Frösche durch Verdampfen abgeben. Die Makifrösche können sich dieses ungewöhnliche Benehmen leisten, weil sie im Gegensatz zu sonstigen Lurchen neben Schleim- und Körnerdrüsen noch eine weitere Sorte Drüsen haben, etwa 30 bis 40 je mm^2, die eine fettartige wasserabstoßende Substanz ausscheiden. Diese wird von dem Frosch nach festliegenden Ritualen mit den Gliedmaßen über die gesamte Oberfläche von Kopf, Rumpf und Extremitäten ausgestrichen und macht das Tier »wasserdicht«, solange der Wachsbezug nicht durch Bewegungen oder andere Umstände beschädigt worden ist. Dann wird er erneuert, was erst nach Erklimmen des gewählten Ruheplatzes, dann aber sofort vorgenommen wird.

Wie atmen Lurche?

Alle Wirbeltiere benötigen Sauerstoff, um ihren Stoffwechsel zu unterhalten. Versagt durch äußere oder innere Umstände die Versorgung der Körperzellen mit Sauerstoff, tritt der Tod ein. Lungenatmung erleichterte Fischen des Devons unter Klimabedingungen mit Trockenperioden und ungünstigen Wasserverhältnissen das Überleben und förderte die Entwicklung von Landwirbeltieren. So ist vermutlich, wie wir erfahren haben, die Herausbildung der Lurche eingeleitet worden. Mit der Wiederkehr eines feuchten Klimas und reichlicher Süßwasserversorgung im Karbon kehrten manche der vorzeitlichen Lurche zu einer enger an Gewässer gebundenen Lebensweise zurück. Von diesen stammen die heutigen

Lurche ab. Viele sind weit mehr Wasserbewohner als ihre Vorfahren im Erdaltertum.

Das Leben an der Grenze zwischen Wasser und Land, der Wechsel zwischen Wasser- und Luftaufenthalt während unterschiedlicher Entwicklungsabschnitte und Lebensphasen, stellt die Lurche vor die Aufgabe, sich unter sehr veränderlichen Bedingungen den notwendigen Sauerstoff zu beschaffen. Vielfältig wie die Umweltverhältnisse, unter denen diese Tiere leben, sind die Wege, die sie dazu beschreiten. Die Gesamtheit der Vorgänge, die dazu dienen, Sauerstoff aufzunehmen und zu den Orten der biologischen Verwendung zu befördern sowie das sich im Stoffwechselgeschehen bildende Kohlendioxid nach außen abzugeben, bezeichnet man als Atmung.

Keine andere Tiergruppe hat so mannigfaltige Ateneinrichtungen entwickelt wie die Lurche. Teils sind sie ererbt, teils neu erworben.

Die Larven leben meist im Wasser und haben Kiemen, die erwachsenen Tiere dagegen Lungen. Aber von dieser Regel gibt es viele Ausnahmen. Entwicklungsgeschichtlich entsprechen die Kiemen der Lurche den Kiemen der Fische. Die Larven der Schwanzlurche haben jederseits hinten am Kopf drei äußere Kiemen, die man ihrer Form nach mit Straußenfedern vergleichen kann. Auch die Larven der Froschlurche haben anfangs äußere Kiemen, ersetzen diese aber durch die für sie kennzeichnenden inneren Kiemen, wenn sie sich so weit entwickelt haben, daß die Mundöffnung durchbricht. Dann werden die äußeren Kiemen der Froschlarven von Hautfalten überwachsen, die ähnlich wie die Kiemendeckel der Fische einen besonderen Kiemenraum umschließen. Bei manchen Larven (Krallenfröschen und anderen Zungenlosen) behält jede Kammer ihre eigene Öffnung. Bei Scheibenzünglern (Unken, Geburtshelferkröten) treten die Öffnungen der Kammern zu einer einzigen Kiemenöffnung in der Bauchmittellinie zusammen. Bei den meisten erhält sich nur die linke Öffnung, beide Kammern sind durch einen Quergang miteinander verbunden. Nachdem sich die äußeren Kiemen zurückgebildet haben, entwickeln sich aus denselben Anlagen die neuen – den vorigen ähnliche, innere – Kiemen.

Innere Kiemen sind besser geschützt als äußere. Da sich die Froschlarven von Planktonlebewesen und von Zerreibsel von Pflanzen und Tieren ernähren, werden die inneren Kiemen auch während der Nahrungsaufnahme ununterbrochen von frischem Wasser umspült und dadurch ständig mit Sauerstoff versorgt. Das Wasser wird von den Froschlarven in den Mund aufgenommen, filtriert, fließt über die reich mit Blutgefäßen ausgestatteten Kiemen, wo der Gasaustausch erfolgt, und dann durch die Öffnungen des Kiemenraumes nach außen. Die Atmung vollzieht sich also ganz ähnlich wie bei den Fischen. Einst bestand die Hauptaufgabe dieses Wasserstromes darin, Nahrung zu sammeln, wie sie sich bei Lanzettfischchen und Neunaugenlarven erhalten hat. Mit der Bildung von Kiemenfäden gewann die Atmungsfunktion zunehmend an Bedeutung.

Schwanzlurchlarven verschlingen größere Beutetiere. Dabei würden innere Kiemen in ihrer Sauerstoffversorgung zeitweilig behindert werden. So behalten diese Tiere als Anpassung an die Ernährungsweise die urtümlichen äußeren Lurchkiemen bei.

Anders als die meisten Froschlarven verfahren die Larven der Zwergkrallenfrösche. Sie jagen größere Beutetiere. Mit dieser Ernährung scheinen innere Kiemen schwer vereinbar. Die rückgebildeten äußeren Kiemen kehren nicht wieder. Ein anderer Ausweg scheint erforderlich. Die Lösung des Problems mutet recht einfach an. Schon die jüngsten Larven atmen durch Lungen. Die Larven des Zwergkrallenfrosches *(Hymenochirus curtipes)* schwimmen bereits vom sechsten Lebenstage an mit nur 4 mm Gesamtlänge frei herum. Schon zu dieser Zeit ist das Außergewöhnliche dieser Tiere erkennbar. Sie »fahren auf alles los«, was sich bewegt, fressen aber fast nur Ruderfußkrebse *(Cyclops)*. Die während des ganzen Larvenlebens vorhandenen Kiemen sind sehr klein, zweiästig und anscheinend ohne Funktion. Dementsprechend schnappen die Quappen öfters nach Luft und sind dadurch schon in diesem Alter eng mit dem Luftraum verbunden. Der Kiemenapparat ist bei den Quappen der Zwergkrallenfrösche jederseits zu einem Knorpelring rückgebildet. Die Larven der Krallenfrösche *(Xenopus)* da-

Der Schleuderzungensalamander (Hydromantes genei gormani), 11 cm, ist ein europäischer Vertreter der von Nord- bis Südamerika reich entfalteten Lungenlosen Salamander (Familie Plethodontidae).

gegen filtern ihre Nahrung aus dem Wasser und haben als Filtrierer einen mächtig entwickelten Kiemenkorb. Dieser wird als Reuse genutzt und jederseits von vier Kiemenspangen gestützt. Solche Spezialeinrichtungen sind nur für Wasserlurche geeignet; sie verschwinden mit der Umwandlung.

Aus menschlicher Sicht möchte man Lungen als zweckmäßigste Atmungsorgane der Landwirbeltiere ansehen. In der Tat haben die meisten heutigen Lurche Lungen. Aber diese bleiben ziemlich einfache, sackähnliche Gebilde, die einen starken Bedarf an Sauerstoff nicht befriedigen können. Mag sein, daß ihr einfacher Bau auf nachträglicher Rückbildung beruht oder als Larvenmerkmal zu werten ist. Im allgemeinen spielen die Lungen bei den heutigen Lurchen als Atmungsorgane keine sehr bedeutsame Rolle. Schwanzlurchen, die in stehenden Gewässern leben, dienen sie außer zur Atmung als Schwebeorgan ähnlich wie die Schwimmblase den Fischen: Sie bewirken den Auftrieb im Wasser. Bei Schwanzlurchen in Gebirgsbächen und anderen fließenden Gewässern erweisen sich Lungen eher als hinderlich und sind deshalb bei solchen Arten mehr oder weniger weitgehend rückgebildet. Die Angehörigen der bei weitem artenreichsten und erfolgreichsten Familie unter den Schwanzlurchen, die in Nord-, Mittel- und Südamerika weit verbreiteten Lungenlosen Salamander (Plethodontidae), haben überhaupt keine Lungen. Zu dieser Familie zählen auch die in Teilen Südostfrankreichs und Italiens beheimateten Europäischen Schleuderzungensalamander. Viele Blindwühlen bilden die linke Lunge zurück.

Bei den Fröschen dienen die Lungen auch der Lauterzeugung. Froschlurche sind die ersten Landwirbeltiere mit klangvoller Stimme. Arten, die laut rufen, haben zusätzliche Schallblasen als Resonatoren. Im vorderen Abschnitt der Luftröhre befindet sich ein Kehlkopf mit Stimmbändern. Diese schwingen wie Saiten eines Instrumentes, wenn die Tiere Luft zwischen Lungen, Mundhöhle und Schallblasen hin- und herströmen lassen. Auch diese Regel kennt ihre Ausnahmen. Die im pazifischen Bereich Nordamerikas beheimateten Schwanzfrösche *(Ascaphus)* bewohnen schnell strömende, kühle Gebirgsbäche; sie haben als Anpassung an ihren Lebensraum ähnlich wie Gebirgsbachmolche die Lungen rückgebildet.

Kein Lurch beschränkt sich auf Lungenatmung. Immer nutzen sie auch Mundhöhle und Rachen als Atmungsorgane. Diese werden reichlich durch Blutgefäße versorgt. Das ist für die Lurche äußerst praktisch, denn die Mundhöhlenatmung bietet den unvergleichlichen Vorteil, daß sie an der Luft wie im Wasser funktioniert. Während des Luftlebens gibt hier die in die Mundhöhle aufgenommene Luft Sauerstoff an den Blutstrom ab. Während des Wasserlebens nimmt das Blut den im Wasser gelösten Sauerstoff auf. Bei jedem Frosch und jeder Kröte, ebenso bei Schwanzlurchen und Blindwühlen kann man Auf- und Abwärtsbewegungen des Mundbodens beobachten. Sie dienen der Belüftung der Mundhöhle und somit der Sauerstoffzufuhr und zugleich der Zuführung von Geruchsstoffen. Vielleicht ist sogar die Geruchswahrnehmung noch wichtiger als die Sauerstoffzufuhr. Der Vorgang spielt sich folgendermaßen ab: Luft wird durch die äußeren Nasenlöcher eingesogen. Durch die inneren Nasenöffnungen (Choanen) gelangt sie in die Mundhöhle. Hier gibt sie Sauerstoff an das Blut ab. Dann wird sie auf demselben Wege wieder ausgestoßen. Ein Frosch muß Luft, die in die Lungen gelangen soll, verschlucken. Manche Kröten pumpen sich sogar auf diese Weise zu erheblicher Größe auf, um einen Gegner abzuwehren. Lurche haben weder einen geschlossenen Brustkorb noch ein Zwerchfell. Deshalb können sie keine Atembewegungen wie z. B. die Säugetiere ausführen. Von vielen der vorweltlichen Lurche kennt man gut entwickelte Rippen. Trotzdem ist unwahrscheinlich, daß sie eine Brustatmung ausübten. Die Atembewegungen bei Fischen und heutigen Lurchen ähneln einander sehr. So scheint es, daß sie in der Vergangenheit keinen Wandlungen unterzogen worden sind. Eine Besonderheit sei noch erwähnt: Heute lebende Lungenfische atmen Luft nicht durch die Nasenöffnungen, sondern durch den geöffneten Mund. Erst die Lurche benutzen die Nasenlöcher bei der Atmung.

Um als wirkungsvolles Atmungsorgan zu dienen, muß die Körperhaut ebenfalls reich mit Blutgefäßen ausgestattet und feucht sein. Häufig werden zur Vergrößerung der atmenden Hautoberfläche breite Hautsäume ausgebildet. Bei den Männchen des in Afrika heimischen Haarfrosches *(Trichobatrachus robustus)* erfüllen die »Haare« diese Aufgabe. Ein 13 cm großer Frosch hatte 2 500 Haare mit einer Gesamtoberfläche von 85 cm^2. Sie sind aus lebenden Zellen der Oberhaut gebildet und keineswegs mit den Haaren der Säugetiere vergleichbar; diese sind tote Horngebilde. Dagegen sind sie in bezug auf ihre Bedeutung für die Atmung den Hautsäumen im Hochzeitsstaat der einheimischen Wassermolche gleichzusetzen. Auch die Hautfalten des Juninfrosches *(Batrachophrynus)* und anderer wasserlebiger Andenfrösche mit kleinen Lungen dienen der Atmung. Die Keimlinge der Antillenfrösche *(Eleutherodactylus)*, die ihre Entwicklung in den Eihüllen durchlaufen und als kleine, fertige Frösche schlüpfen, decken ihren Sauerstoffbedarf zur Hauptsache durch die Schwanzhaut, die bei ihnen als wichtigstes Atmungsorgan tätig ist. Froschquappen amerikanischer Beutelfrösche (Familie Hylidae) ohne frei schwimmendes Larvenstadium entwickeln mächtige, glockenförmige Kiemen.

Der Bedarf an Sauerstoff wird durch die Intensität des Stoffwechsels bestimmt. Lurche haben einen trägen Stoffwechsel. Ihre Körpertemperatur richtet sich nach der Umgebungstemperatur. Sie brauchen als wechselwarme Tiere ihre Körpertemperatur nicht konstant zu halten wie eigenwarme Vögel und Säugetiere; diese müssen ihren Körper »heizen« und bedürfen dazu eines weit lebhafteren Stoffwechsels. Von vielen Lurchen weiß man, daß sie an Stellen vorkommen, wo Temperaturen herrschen, bei denen sie sich wohl fühlen. Man nennt sie Vorzugstemperaturen. Darauf werden wir noch zu sprechen kommen. Die Vorzugstemperaturen können mit den Lebensphasen wechseln und auch bei nahe miteinander verwandten Arten unterschiedlich hoch liegen. Mit sinkender Umgebungstemperatur gehen Körpertemperatur und Intensität des Stoffwechsels zurück. Während des Winters wird das aktive Leben unterbrochen. Deshalb überwintern manche Frösche, obwohl sie Lungenatmer sind, im Wasser. Sie brauchen in dieser Zeit ihre Lungenatmung nicht in Anspruch zu nehmen und kommen mit der Hautatmung aus, die ja, wie wir gesehen haben, in der Luft wie im Wasser wirksam ist. Allerdings erweisen sich die Zusammenhänge keineswegs als so einfach, wie diese Schilderung vermuten läßt.

Zu Anfang unseres Jahrhunderts wurde an Gras- und Wasserfröschen nachgewiesen, daß Haut- und Lungenatmung unterschiedliche Aufgaben übernehmen. Kohlendioxid wird hauptsächlich durch die Haut ausgeschieden, Sauerstoff vorwiegend in den Lungen aufgenommen. Die Sauerstoffaufnahme durch die Haut wird ausschließlich durch physikalische Bedingungen bestimmt, sie ist also durch die stets gleichbleibende Sauerstoffspannung der Luft festgelegt. Im Versuch kann man die Sauerstoffspannung senken. Dann sinkt zugleich die Sauerstoffaufnahme durch die Haut, während sie in den Lungen ansteigt. Sauerstoffaufnahme in den Lungen und durch die Haut stehen beim Grasfrosch im Verhältnis 3:1, beim Wasserfrosch im Verhältnis 1:1. Das sind Unterschiede, die in der mehr landgebundenen bzw. wassergebundenen Lebensweise beider Arten ihre Erklärung finden. Trotzdem bleibt ein Wasserfrosch selbst in gut belüftetem Wasser bei 14 bis 15 °C nur zwei bis drei Wochen, bei 26 bis 27 °C sogar nur ein bis zwei Tage am Leben, wenn man ihm den Zugang zur Oberfläche verwehrt. Hautatmung erweist sich wegen des geringen Energieaufwandes, der für die Ventilation im Gegensatz zur Belüftung bei Kiemen- und Lungenatmung benötigt wird, als ökonomisch äußerst vorteilhaft. Wirkungsvoller als Froschlurche haben Schwanzlurche die Hautatmung ausgebildet, allerdings dadurch auch ihre ökologischen Bereiche und stammesgeschichtlichen Entwicklungsmöglichkeiten eingeschränkt, denn sie müssen eine Haut haben, die Wasser leicht an Luft und Umgebungen mit höheren Drücken verliert. Auch Landmolche sind an feuchte Aufenthaltsorte gebunden und höchstens zu kurzzeitigen Jagdunternehmungen in trockenerem Milieu befähigt. Nur wenige Lurche vertragen aus diesen Gründen Salzwasser.

Blut im Dienste der Atmung

Träger der Atemgase ist das Blut. Auf welche Weise es dieser Aufgabe gerecht wird, ist für den Menschen und andere Säugetiere sehr genau bekannt. Bei den Lurchen aber treffen wir auf völlig andersgeartete Verhältnisse. Sie müssen sich auch in dieser Hinsicht den wechselvollen Bedingungen anpassen, unter denen sie leben. Lurche haben die Möglichkeit, die Beziehungen des roten Blutfarbstoffes – der Fachausdruck lautet Affinität des Hämoglobins – zum Sauerstoff je nach Alter und Umweltbedingungen zu ändern. Atemmechanismus und Stoffwechselaktivität haben ebenfalls einen entscheidenden Einfluß. Roter Blutfarbstoff von Kaulquappen und von umgewandelten Fröschen weist grundlegende Unterschiede in den Beziehungen zum Sauerstoff auf. Bei jungen Larven des nordamerikanischen Ochsenfrosches *(Rana catesbeiana)* ist das Hämoglobin bei einem Sauerstoffpartialdruck von 5 mm Quecksilbersäule bereits zu 50 % mit Sauerstoff gesättigt, das der erwachsenen Frösche unter diesen Bedingungen dagegen nur zu 5 %. Zeichnet man auf einer waagerechten Geraden den Sauerstoffdruck auf, errichtet dazu eine Senkrechte und trägt hier die prozentuale Sauerstoffsättigung des roten Blutfarbstoffes ein, dann ergibt sich für die Larven eine rechtwinkelige Kurve, für die umgewandelten Frösche eine sinusförmig geschwungene Kurve. Die erste ist typisch für Sauerstoffknappheit und zeigt die Anpassung an das Wasserleben, die zweite dagegen zeigt die Anpassung an das Luftleben; sie erweist sich als typisch für Landwirbeltiere. Niere, Milz und Knochenmark, die blutbildenden Gewebe der Lurche, erzeugen vermutlich unterschiedliche Sorten von Hämoglobin.

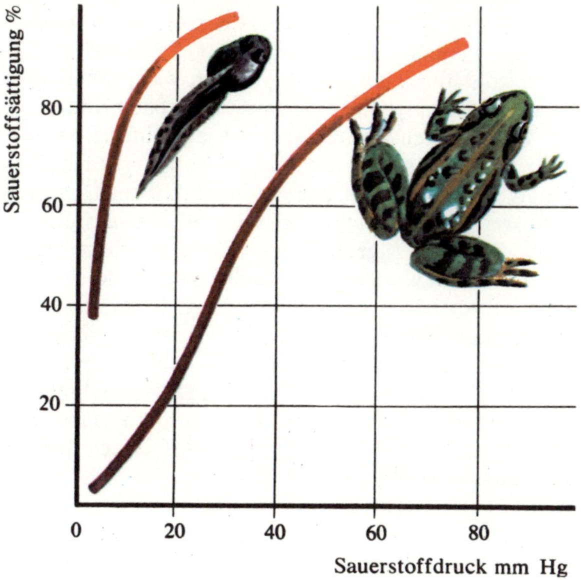

Der rote Blutfarbstoff der Kaulquappen sättigt sich bereits bei wesentlich geringerem Sauerstoffteildruck als der rote Blutfarbstoff umgewandelter Frösche. Diese Besonderheit steht mit dem geringeren Sauerstoffgehalt des Wassers im Vergleich zu dem der Luft und der unterschiedlichen Lebensweise von Larven und umgewandelten Fröschen in Übereinstimmung.

Bei erwachsenen Fröschen *(Rana)* ist das Knochenmark tätig und liefert den roten Blutfarbstoff der zweiten Sorte. Bei Kaulquappen sind zuerst die Nieren und dann die Milz als Blutlieferanten in Tätigkeit; von hier stammt der rote Blutfarbstoff der Larven.

Mit Verallgemeinerungen solcher Beobachtungen sollte man allerdings sehr zurückhaltend sein. Das Knochenmark ist nicht bei allen Fröschen während des gesamten Jahres als Lieferant von Blutzellen tätig. Außerdem geben im Wasser lebende Frösche eine mehr dem Larvenhämoglobin ähnelnde Kurve, obwohl offenbar auch ihre roten Blutzellen im Knochenmark gebildet werden. Von Schwanzlurchen wie dem amerikanischen

Schlammteufel *(Cryptobranchus)*, die zeit ihres Lebens Wassertiere bleiben und bei denen Knochenmark als Bildungsort von Blutzellen nicht wirksam wird, erhält man eine Kurve, die an jene erwachsener Frösche erinnert.

Mit diesem flüchtigen Seitenblick auf ein kleines Gebiet der Blutphysiologie der Lurche wollen wir lediglich nochmals darauf aufmerksam machen, daß der Übergang vom Wasser- zum Luftleben wirklich alle Lebensfunktionen und die ihnen zugrunde liegenden Strukturen beeinflußt und daß allgemeine Aussagen selten gelten, wenn man sie zu wörtlich nimmt. Selbst der Lehrbuchsatz, daß alle Wirbeltiere rote Blutzellen haben, trifft für einige Fische – so für Aallarven und Eisfische (Chaenichthyidae) – nicht zu. Graaf (J. exp. Biol. Bd. 34, 1957) berichtete sogar über einen lebensfähigen Krallenfrosch ohne rote Blutzellen und ohne roten Blutfarbstoff. Doch hierbei handelt es sich nur um eine Anomalie.

Atmung und Blutkreislauf

Den verwickelten Atemeinrichtungen der Lurche schließt sich das System ihres Blutkreislaufs an. Bei anderen Wirbeltieren ist der Kreislauf in seinem Grundplan ziemlich übersichtlich angelegt. Erinnern wir uns an unsere Schulkenntnisse: Bei den Fischen treibt das einheitliche Herz das Blut zu den Kiemen; dort findet der Gasaustausch statt. Von hier fließt es weiter durch den Körper und dann wieder zum Herzen zurück. Das typische Fischherz besteht aus einer einheitlichen Vorkammer und einer einheitlichen Herzkammer. Etwas verwickelter, aber im ganzen ebenso übersichtlich sind die Wege des Blutumlaufs bei den Säugern. Zunächst wird das Blut vom Herzen in die Lungen gepumpt, nimmt dort Sauerstoff auf, gibt Kohlendioxid ab und fließt von dort zum Herzen zurück. Danach wird dieses Blut vom Herzen durch den Körper getrieben und kommt dann zum zweiten Male, jetzt als sauerstoffarmes venöses Blut, im Herzen an. Nun schließt sich wieder der Lungenkreislauf an. Dabei wird eine sorgfältige Teilung zwischen Lungen- und Körperkreislauf vorgenommen. Das Herz ist in zwei völlig voneinander getrennte Hälften gegliedert. Die linke Herzhälfte pumpt das sauerstoffbeladene Blut aus der Lunge weiter, die rechte das sauerstoffarme, kohlendioxidbeladene aus dem Körper. Das Säugerherz hat eine zweigeteilte Vorkammer und eine zweigeteilte Herzkammer.

Atmung und Blutkreislauf sind stets eng miteinander gekoppelt. Da sich Lurche wechselnden Umweltverhältnissen häufig kurzzeitig anzupassen haben, werden wir schon wegen ihrer sehr komplizierten Atemeinrichtungen ein charakteristisches Lurchherz, einen Lurchherztyp vergleichbar einem Fischherztyp oder einem Säugerherztyp im geschilderten Sinne, nicht erwarten. In Lehrbüchern sieht man allgemein das Herz des Grasfrosches als Beispiel für das Lurchherz abgebildet. Es besteht aus einer einheitlichen Herzkammer sowie aus einer kleinen linken und einer großen rechten Vorkammer. Beide Vorkammern werden durch eine Scheidewand voneinander getrennt. Die rechte Vorkammer empfängt das sauerstoffärmere Blut aus dem Kopfgebiet, dem Körper und der Haut, die linke das sauerstoffreichere Blut aus der Lunge. Nach seinem Aufbau kann man dieses Herz als eine Zwischenstufe zwischen Fisch- und Säugerherz auffassen. Viele Mühe hat man aufgewendet, um zu erklären, wie unter diesen Bedingungen sauerstoffreiches und sauerstoffarmes Blut von der einheitlichen Herzkammer getrennt weitergepumpt werden können, dieses zur Lunge, jenes in den Körper. Was wirklich geschieht, hat man erst seit reichlich fünfundzwanzig Jahren ergründet. Das Blut aus der rechten und linken Vorkammer mischt sich kaum in der Herzkammer. Die von der Herzkammer abführenden Gefäße sind nicht symmetrisch angeschlossen, sondern setzen gerade so am Herzen an, daß trotz einheitlicher Herzkammer Blut aus dem Lungen- und aus dem Körperkreislauf vorwiegend getrennt weiterfließt. Außerdem haben diese Gefäße unterschiedliche Durchmesser. Allein diese Eigenheiten sind maßgeblich. Andere Erklärungen haben sich als unzutreffend erwiesen.

Auf andere Bedingungen trifft man beim Krallenfrosch *(Xenopus laevis).* Für dieses Tier ist die Lungenatmung vergleichsweise weit wichtiger als für den Grasfrosch. Das sieht man schon den Vorkammern an, sie haben gleiche

Größe. Das Blut aus der linken Vorkammer erreicht alle Teile der Herzkammer und fließt in den Kopfbereich, in den übrigen Körper sowie in die Arterien weiter, von denen Lungen und Haut versorgt werden. Das in der rechten Vorkammer eintreffende Blut wird durch die Haut-Lungen-Arterie nur zur Lunge und zur Haut gepumpt. Hauptsächlich fließt es in die Lunge, denn die Hautarterie ist – im Gegensatz zu den Verhältnissen beim Grasfrosch – sehr englumig und weist nur den neunten Teil vom Durchmesser des zur Lunge führenden Gefäßzweiges auf. Auch diese Zusammenhänge wurden erst vor einigen Jahren aufgeklärt.

Das Herz des Krallenfrosches ist von dem des Grasfrosches nach Bau und Arbeitsweise sehr verschieden. Wie die Herzen der vorweltlichen Lurche beschaffen gewesen sein mögen, weiß man nicht. Sie könnten außer einer geteilten Vorkammer auch eine geteilte Herzkammer besessen und ein solches Herz von Fischahnen ererbt haben. Eine Zweiteilung des Herzens ist von Lungenfischen bekannt und beim Flösselhecht *(Polypterus)* gut ausgebildet.

Diese Eigenheiten hat die stammesgeschichtliche Entwicklung gewissermaßen »von langer Hand« vorbereitet. Zwar liest man meist, das Herz der ursprünglichen Wirbeltiere sei ein gestreckter, von venösem Blut durchströmter Schlauch gewesen. Da aber schon die urtümlichen Ahnen, die einen Mund mit Kiefern ausgebildet hatten, auch Lungen aufwiesen, liegt es nahe anzunehmen, daß ihr Herz als Pumpwerk für einen Strom aus einer Mischung von venösem und arteriellem Blut tätig war. Eine wirklich enge, wechselseitige Abstimmung hinsichtlich Bau und Funktion zwischen Herz und Lunge suchen wir hier allerdings vergebens. Sie bildete sich erst während der Entwicklung der Vierfüßer heraus. Dazu waren dann noch weitere Voraussetzungen erforderlich. Für die Landwirbeltiere gewannen neben anderen Einrichtungen die Herzkranzgefäße zunehmend an Bedeutung, die uns selbst oft zu schaffen machen. Entwicklungsgeschichtlich lassen sie sich teilweise auf Arterien im unteren Bereich der Kiemen der Wasserwirbeltiere zurückverfolgen. Nach dieser Abschweifung kehren wir zu unserem Problemkreis zurück.

Für heutige Lurche wären zwei völlig voneinander getrennte Kreisläufe wie bei höheren Wirbeltieren offenbar recht unpraktisch. Lungenlose Salamander *(Plethodontidae)* haben nicht einmal für eine zweigeteilte Vorkammer Verwendung und deshalb die Vorkammerscheidewand völlig rückgebildet. Wir erfuhren bereits, daß in den Lungen der Lurche, soweit sie vorhanden sind, nur Sauerstoff aufgenommen wird. Das Kohlendioxid wird durch die Körperhaut abgegeben. Darin zeigt sich einer der grundlegenden Unterschiede gegenüber den Säugern. Ein zweiter Unterschied besteht in der ebenfalls schon erwähnten eindrucksvollen Anpassungsfähigkeit der Kreislauforgane. Johansen (Nature, Bd. 194, 1962) hat gezeigt, daß beim Aalmolch *(Amphiuma tridactylum)* das aus der Lunge zurückfließende Blut den höchsten Sauerstoffgehalt aufweist und nahezu unvermischt in der Körperschlagader weitergeleitet wird. Für die normale Blutverteilung scheint bei diesem Tiere der Blutdruck in den großen Gefäßen maßgeblich zu sein. Hält man die Haut des Aalmolches trocken, verringert sich die Hautatmung erheblich, und sofort treten als Reaktion darauf Veränderungen in der Blutverteilung ein.

Bildlich kann man sich die Zusammenhänge dadurch veranschaulichen, daß man sich das Herz als Pumpwerk vorstellt, von dem unterschiedliche Abflüsse ausgehen. Ihr Stromdurchfluß wird von Wehren bestimmt, die sich am Anfang und an Verzweigungsstellen der Abflüsse befinden. Beim Kammolch *(Triturus cristatus)* und beim Feuersalamander *(Salamandra salamandra)* ließen sich bei Versuchen mit Färbemitteln keine unterschiedlichen Verteilungsmuster für Lungen- und Körperblut sichtbar machen. Das ist ein Ergebnis, das man auch aus der Beschaffenheit der Lungen dieser Tiere erschließen kann und deshalb kaum überrascht. Lungenlose Salamander sind zu Kreislaufumstellungen der beschriebenen Art selbstverständlich nicht befähigt. Von manchen dieser Tiere, die genauer untersucht wurden, weiß man, daß sie an mittlere Sauerstoffverhältnisse angepaßt sind. So können wir nach alledem als typisches Kennzeichen des Kreislaufsystems der Lurche seine Vielgestaltigkeit und Anpassungsfähigkeit an die unterschiedlichen physiologischen Bedürfnisse dieser Geschöpfe nennen, die durch die – allen Lurchen eigene – gut ausgeprägte Hautatmung ermöglicht werden. Sauerstoffversorgung und Kohlendioxidabgabe scheinen für Eier und Embryonen in normal abgesetztem Laich kaum ein Problem zu sein, das unsere Aufmerksamkeit erheischt. Wer aber im Frühjahr an einem Tümpel steht und die oft beachtliche Menge geradezu riesig anmutender Laichballen der Frösche bewundert, kommt leicht auf den Gedanken, daß die Eier in der Mitte dieser Ballen unter starkem Sauerstoffmangel leiden und daß dadurch Wachstums- und Entwicklungsstörungen sowie eine erhöhte Absterberate bewirkt werden könnten. Bei genaueren Untersuchungen zeigen sich aber zwischen Eiern der Peripherie und denen des Zentrums keine Unterschiede, obwohl in der Tat Messungen gleitende Veränderungen für Sauerstoff-, Kohlendioxid- und Wasserstoffionenkonzentration belegen. Diese aber erweisen sich als zu gering, um die Belüftung der einzelnen Eier direkt zu beeinflussen.

Anpassungen an diese Bedingungen wie die großen die Diffusion fördernden Gallerthüllen und die durch Wimpern bewirkte Flimmerbewegung der Embryonen in den Eihüllen, die gerade dann einsetzt, wenn der Sauerstoffbedarf der Entwicklungsstadien erheblich steigt, sowie die photosynthetische Aktivität der grünen Pflanzen im Tümpel sorgen dafür, daß fast Normalbedingungen herrschen. Außerdem sind die Embryonen mindestens kurzzeitig gegen Sauerstoffmangel und Kohlendioxidüberschuß unempfindlich. Alles das und vieles andere sind auch bei wirbellosen Tieren nachweisbare komplizierte Anpassungen zur Sicherung von Leben und Entwicklung im Grenzbereich zwischen Wasser und Luft.

Die Zunge – eine Neuerwerbung der Landtiere

Auch für die Ernährung ergeben sich mit dem Übergang vom Wasser auf das Festland völlig neue Bedingungen. Sie haben ganz entscheidende Veränderungen im Nahrungserwerb und des gesamten Verdauungsweges gegenüber den Verhältnissen bei den Fischen zur Folge. Wir wollen uns auf die Erwähnung einiger bekannter Tatsachen beschränken. Lurche sind die ersten Wirbeltiere mit einer echten, durch eine eigene Muskulatur ausgezeichneten Zunge. An ihrem Grunde ist sie durch abgewandelte Bestandteile des Kiemenbogenapparates verankert. Die Aufgaben der Zunge bestehen darin, beim Ergreifen und Verschlingen der Beute auf unterschiedliche Weise mitzuhelfen. Die meisten Froschlurche haben eine Klappzunge. Sie ist vorn im Unterkieferwinkel befestigt und schlägt beim Herausklappen aus dem geöffneten Mund mit der Oberseite ihres hinteren freien Teiles von oben auf die Beute. Einige Froschlurche haben eine vorn freie Zunge und können sie ähnlich wie Säugetiere hervorstrecken. Das ist für den Fang von Ameisen und Termiten zweckmäßig. Viele Schwanzlurche, darunter die gesamte Verwandtschaft der Pilzzungensalamander, zeichnen sich durch eine pilzförmige Zunge aus. Ein scheibenförmiger »Hut« sitzt auf einem Stiel, der bei vielen Arten eine erhebliche Länge aufweist. Die Zunge kann aus dem geöffneten Mund mehrere Zentimeter weit herausgeschleudert werden; die angeleimte Beute wird dann mit der Zunge in den Mund zurückgezogen. Im Ergebnis und hinsichtlich der Treffsicherheit ist das Verfahren dem bekannten Beuteschießen der Chamäleons vergleichbar. Den Klebstoff liefern mehrzellige Drüsen, die im Gaumendach hinter den Zwischenkiefern liegen. Den Fischen sind solche Drüsen fremd, aber bei den urtümlichen Labyrinthzähnern traten sie bereits auf. Diese Art, Beute zu machen, versagt im Wasser. So läßt sich leicht einsehen, daß die Wasserbewohner unter den Froschlurchen dazu neigen, die Zunge zurückzubilden. Wabenkröten haben weder eine Zunge noch Zwischenkieferdrüsen; so weit ist bei ihnen die Anpassung an erneutes Wasserleben vorangeschritten. Zähne, soweit vorhanden, dienen zum Festhalten der Beute.

Ernährung und Verdauung

Umgewandelte Lurche ernähren sich hauptsächlich von Insekten und anderen wirbellosen Tieren, aber in erheblichem Umfang auch von kleineren Wirbeltieren. Sie haben sich auf eine eiweißreiche Kost eingestellt, die ihnen mit geringem Aufwand die Voraussetzungen zur Bewältigung der teilweise größeren Anforderungen liefert, die das Luftleben den Lurchen abverlangt. Sie sind darauf spezialisiert, lebende Beute zu fangen und zu erjagen, und bedienen sich dabei vorwiegend des Gesichtssinnes, wie jeder Wasserfrosch am Tümpel vorführt. Bei anderen, wie den Wassermolchen, spielt die Geruchswahrnehmung die Hauptrolle. Zur Ernährung mit Pflanzen sind sie nicht übergegangen. Pflanzennahrung aufzuschließen und nutzbar zu machen wäre weit aufwendiger. Mag sein, daß dies ein Grund dafür ist, daß Pflanzenteile nur ausnahmsweise verschlungen werden. Die Nahrungsbrocken werden unzerteilt verschluckt. Die Ausscheidungen der Mundschleimhaut dienen als Gleitmittel. Die Verdauung beginnt im Magen und vollzieht sich im wesentlichen wie bei anderen Wirbeltieren. Jedoch sind die Veränderungen und Umbildungen der Organe der Nahrungsaufnahme und Verdauung, denen sie während der Umwandlung der Larve zum fertigen Lurch unterworfen werden, so tiefgreifend, daß die Tiere zu dieser Zeit einige Tage hungern und von Körperreserven leben müssen. Die Quellen dafür sind mannigfaltig, z. B. die schrumpfenden Kiemen oder der Schwanz der Froschlarven, der völlig der Rückbildung anheimfällt.

Ein neues Problem begegnet den Lurchen in der Beseitigung der Abfallprodukte des Stoffwechsels, die Stickstoff enthalten. Das Endprodukt ist Ammoniak, eine einfache chemische Verbindung aus Stickstoff und Wasserstoff. Sie weist den entscheidenden Nachteil auf, daß sie schon in geringer Konzentration als starkes Zellgift wirkt. Wasserlarven scheiden Ammoniak durch die Körperoberfläche, insbesondere durch die Kiemen, aus. Es geht in das umgebende Wasser über und ist dann für die Tiere unschädlich. Nach diesem Prinzip verfahren auch andere Wirbeltiere wie die Knochenfische. Landlurche dagegen haben keine Möglichkeit, das aus dem Eiweißstoffwechsel stammende Ammoniak auf diese Weise abzugeben. Sie schleusen es in einen besonderen Umsetzungskreislauf ein und bilden daraus Harnstoff als neues Endprodukt. Dieser ist kein Zellgift. Aber um ihn herzustellen, bedarf es einer Reihe von Fermenten, die bei den Larven nicht benötigt werden und bei ihnen noch nicht vorhanden sind. Sie werden erst zu Beginn der Umwandlung neu gebildet.

Ammoniak und Harnstoff sind die hauptsächlichsten stickstoffhaltigen Ausscheidungsprodukte der Lurche. Der Harnstoffzyklus verbraucht Energie, er ist also weit »kostspieliger« als die einfache Ausscheidung von Ammoniak. So geht man kaum fehl in der Erwartung, daß die Lurche nach Möglichkeit auf den Harnstoffzyklus verzichten. Soweit bekannt, findet man diese Erwartung bestätigt. Krallenfrösche scheiden als Larven Ammoniak aus. Während der Umwandlung erhalten sie die Fähigkeit, Harnstoff zu bilden. Aber dennoch kehren sie als Wasserlurche zur Abgabe von Ammoniak zurück und bilden Harnstoff fast nur, wenn sie sich vorübergehend auf dem Lande aufhalten. Auch bei anderen Lurchen hat man ähnliche Zusammenhänge zwischen Lebensweise, Lebensraum und Stickstoffausscheidungen beobachtet. Landkröten, so die einheimische Kreuzkröte *(Bufo calamita)*, scheiden hauptsächlich Harnstoff aus. Aber der eng an Gewässer gebundene, von Südchina über die Malayische Halbinsel bis Java, Sumatra, Borneo und Sulawesi (Celebes) an schnell fließenden Waldbächen häufige Wasserfrosch *Rana kuhli* ist von einem intensiven Wasserhaushalt abhängig und bei Wassermangel nicht lebensfähig, weil er über den Umweg der Harnstoffbildung nicht verfügt und sich dadurch vergiften würde.

Bürger zweier Welten

Lurche in vielen Lebensräumen

Wenn der Frühling die Fesseln des Winters sprengt, streben die einheimischen Frösche und Molche Tümpeln, Teichen und anderen Gewässern zu, um sich hier zu paaren, ihre in farblose, durchsichtige Gallerthüllen eingeschlossenen Eier, den Laich, abzusetzen, aus denen die Larven, die Lurche der nächsten Generation, schlüpfen. Danach ziehen sich die Tiere wieder auf das Land zurück. Die Jungen verlassen das nasse Element und folgen den erwachsenen Tieren, sobald sie sich von dem Wasserlarvenstadium zum Landlurch umgewandelt haben. Die damit verbundenen komplizierten Wandlungen im Körperbau faßt man unter dem Fachausdruck Metamorphose zusammen. Die äußerlich erkennbaren Veränderungen der Schwanzlurche während der Umwandlung fallen nur wenig auf. Diese Tiere behalten ihre eidechsenähnliche Körpergestalt. Sie büßen die Kiemen ein. Die Flossensäume schwinden. Die Lippensäume, die für den Nahrungserwerb im Wasser durch Öffnen des Mundes und gleichzeitiges Einsaugen eines Wasserstromes, das Saugschnappen, wichtig waren, werden abgebaut. Die Seitenlinienorgane, Hautsinnesorgane am Kopf und Rumpf, die während des Wasserlebens der Wahrnehmung von Strömung, Wasserdruck und als Elektrorezeptoren dienen, bilden sich zurück. Die Hautstruktur paßt sich den Erfor-

Die Kaulquappe eines Wasserfrosches (oben) und die Larve eines Wassermolches (unten, Kammolchlarve) haben völlig unterschiedliche Gestalt.

dernissen des Luftlebens an. Die Larven der einheimischen Froschlurche – man nennt sie Kaulquappen – zeigen weit ausgeprägtere Veränderungen ihres Äußeren. Zuerst beginnen die Hinterbeine stark zu wachsen. Dann treten die Vorderbeine, die sich bisher im Kiemenraum entwickelt haben, durch die sie bedeckende Haut hindurch. Der Schwanz schrumpft ein und verschwindet schließlich völlig. Hornschnabel und Hornzähnchen, die bisher als Mundbewaffnung dienten, werden abgestoßen. Der Kaulquappenmund bildet sich zum Froschmund um. Die Augen werden größer und erhalten Lider. Auch andere Sinnesorgane passen sich der Tätigkeit außerhalb des Wassers an. Seitenlinienorgane bleiben nur bei den Unken *(Bombina)* erhalten. Ein Trommelfell bildet sich als äußerer Abschluß des Mittelohres aus. Gleichzeitig wandelt sich grundlegend das Verhalten. Ein Lurch, der heute noch schwimmt, kann vielleicht schon morgen nicht mehr schwimmen und muß ertrinken, wenn es ihm nicht gelingt, sich dem Wasser zu entziehen und das Land zu erreichen.

Die Hauptaufgabe der erwachsenen Tiere besteht darin, bis zum Herbst tüchtig Nahrung aufzunehmen, um Vorräte für die Winterruhe und teilweise auch für den sich daran anschließenden Zeitabschnitt zu sammeln und die Geschlechtsprodukte auszubilden, aus denen im Frühjahr die folgende Lurchgeneration hervorgehen wird. Der Höhepunkt des Lebens, die Hochzeit, findet im Was-

Entwicklung des Wasserfrosches: Aus den im Wasser abgelegten Eiern, die durchsichtige farblose Gallerthüllen aufweisen und Laich genannt werden, schlüpfen nach 2 bis 4 Wochen auf einer sehr geringen Entwicklungsstufe die noch gliedmaßenlosen Larven (Kaulquappen), mit Spinndrüsen am Kinn, mit deren Ausscheidungen sie sich anheften. Zunächst bekommen sie jederseits hinten am Kopf verästelte äußere Kiemen, die bald durch innere Kiemen in dem Kiemenraum ersetzt werden. Eine Hautfalte bildet einen Kiemenraum mit Atemöffnung. Bei der Umwandlung der Larve zum Frosch erhalten sie zunächst die Hintergliedmaßen, später erst die Vordergliedmaßen. Dann bildet sich der Schwanz zurück, und der Larvenmund wird zum Froschmund. Zugleich wandeln sich auch alle anderen Organe für den neuen Lebensabschnitt um.

ser statt. Auch die Kinderstube befindet sich im Wasser. Der Lebensabschnitt außerhalb des Wassers zwischen zwei Zeiten höchster Aktivität der erwachsenen Tiere oder zwischen dem Ende des Larvenlebens und der ersten Paarungszeit verblaßt demgegenüber zu einer Periode der Nahrungsaufnahme und der Vorbereitung auf Paarung

Die Jungen des Alpensalamanders (Salamandra atra) entwickeln sich im Mutterleib und durchleben hier das Larvenstadium. Von links nach rechts, oben: jüngste Larve, 8–12 mm, die bereits die Eihüllen verlassen hat und im Dotterbrei – entstanden aus Eiern, die sich nicht entwickeln – lebt. Drei größere Larven, 21 bis 34 mm, mit mächtigen Kiemen, die dann allmählich wieder kürzer werden. Noch größere Larven, die man von jetzt an auch im Wasser aufziehen könnte. Unten: Larve während der Umwandlung. Normal geborenes Jungtier. Aus einer Larve bis zur Umwandlung im Wasser aufgezogenes Jungtier.

und Fortpflanzung. Dann sind wohl, so möchte man fragen, Lurche eigentlich Wassertiere, die nur Lebensphasen zweitrangiger Bedeutung – im menschlichen Sinne im wesentlichen das Essen und das Ausruhen – als Landtiere verbringen? Dieser Lebensweg, der so kennzeichnend für die Mehrzahl der Lurche unserer Heimat anmutet, zeigt jedoch nur eine der zahlreichen Möglichkeiten, die von Lurchen genutzt werden. Der Feuersalamander *(Salamandra salamandra)* paart sich am Lande. Das Weibchen schiebt nur den Hinterkörper ins Wasser, um die Larven zu gebären, die sich in seinem Leibe bis zum Schlüpfen entwickelt haben und jetzt zusammen mit den leeren Eihüllen abgesetzt werden. Das Weibchen kann dabei ertrinken, wenn es unglücklicherweise vom Wasserstrudel fortgerissen wird und das Ufer nicht erreicht. Umgewandelte Salamander sind meist wasserscheu. Zwei in eine Zisterne an einem Maccia-Hang bei Bozen hineingefallene Feuersalamander hatten auf einem kleinen Sims unmittelbar über dem Wasserspiegel Zuflucht, aber keinen Ausweg, offenbar auch kaum Nahrung gefunden; sie waren bei ihrer Bergung so entkräftet, daß nur einer von ihnen am Leben erhalten werden konnte. Ganz anders Feuersalamander in der für Molchlurche unwirtlichen Umgebung am Rande der 2 000 m hoch gelegenen Großen Lagune am Almanzor in Mittelspanien, die gestört zuweilen in das flache Uferwasser flüchten und sich hier unter Steinen verstecken.

Alpensalamander *(Salamandra atra)* aus derselben Gattung wie der Feuersalamander suchen zu keiner Zeit ihres Lebens Gewässer auf, obwohl es in ihrem Verbreitungsgebiet, in den Alpen und Hochgebirgen der westlichen Balkanhalbinsel, in dem meist auch Lurche mit Wasserlarven leben, genügend Bäche und Tümpel gibt. Das Weibchen bringt stets nur zwei Junge zur Welt, aus jedem Eileiter eins. Die Jungen wandeln sich im Mutterleibe um und werden als kleine Vollsalamander am Lande geboren. Manche in Spanien beheimatete Feuersalamander gebären ebenfalls umgewandelte Junge. Eine weitere Salamanderart, der Lykische Salamander *(Mertensiella luschani)*, wurde vor fast einhundert Jahren von dem Wiener Zoologen Steindachner aus der Gegend von Dodurga beschrieben. Die Vermutung lag nahe, daß die Weibchen ebenso wie die des verwandten Kaukasus-Salamanders *(Mertensiella caucasica)* Eier legen, aus denen sich Kiemenlarven und aus diesen Landsalamander entwickeln. Groß war die Überraschung, als man 80 Jahre später durch Beobachtungen an Tieren von der griechischen Insel Karpathos und von neuen Fundorten in der Türkei erkennen mußte, daß zumindest diese Salamander kiemenlose Vollmolche gebären, daß sie sich wie Alpensalamander vermehren und zu keiner Zeit ihres Lebens offener Gewässer bedürfen. Die Beschaffenheit aller bekannten Fundorte Lykischer Salamander paßt zu diesen Feststellungen. Im Gegensatz zu Alpensalamandern leben sie in einem Gebiet, in dem keine anderen Schwanzlurche auftreten.

Unter den Lungenlosen Salamandern gibt es zahlreiche Arten, darunter z. B. die Waldsalamander *(Plethodon)*, die Pilzzungensalamander *(Bolitoglossa)* und die auch in Europa beheimateten Schleuderzungensalamander *(Hydromantes)*, deren Junge sich ohne Wasserlarvenstadium aus Eiern entwickeln, die am Lande abgesetzt werden. Die Blindwühlen sind fast völlig zum Landleben übergegangen. Die Fischwühlen unter ihnen vollenden ihre Entwicklung im Wasser. Auch aus mehreren Familien der Froschlurche kennt man Arten, die ihren Laich außerhalb des Wassers absetzen. Manche, so die Antillenfrösche *(Eleutherodactylus)* und der Kuba-Frosch *(Sminthillus)*, haben außerdem auch das Wasserlarvenstadium unterdrückt. Die Weibchen der afrikanischen Krötengattung *Nectophrynoides* bringen ähnlich dem Alpensalamander umgewandelte Junge zur Welt. Aber diese ernähren sich bis zur Geburt nicht von zerfallenden Eiern, sondern verzehren flockige Ausscheidungen der Gebärmutter. Metamorphosierte Junge werden außerdem von dem Antillenfrosch *Eleutherodactylus jasperi* und von zahlreichen Schleichenlurchen *(Gymnophiona)* geboren. Der Lebensweg der auch im Harz und in Westthüringen heimischen Geburtshelferkröte *(Alytes)* läßt sich oberflächlich mit dem des Feuersalamanders vergleichen. Die Jungen entwickeln sich ziemlich weit in den Eihüllen. Jedoch ist es hier das Männchen und nicht das Weibchen, welches ein

Gewässer aufsucht, um die dabei aus dem Laich schlüpfenden Larven freizusetzen, den es bis dahin, in Gallertschnüren um die Hinterbeine gewickelt, mit sich herumtrug. Diese Lurche sind stärker land- als wassergebunden.

Der wissenschaftliche Name der Lurche lautet Amphibia. Das Wort ist der griechischen Sprache entlehnt und bedeutet doppelt und leben. Es bezieht sich auf die Fähigkeit dieser Geschöpfe, sowohl im Wasser als auch in der Luft zu leben. Es handelt sich fast um zwei verschiedene Welten, in denen diese Tiere zu Hause sind. Deshalb haben wir als Überschrift für dieses Kapitel eine freiere Übersetzung ihrer wissenschaftlichen Fachbezeichnung Amphibia gewählt: Bürger zweier Welten!

Das Männchen des in Bergbächen lebenden westafrikanischen Haarfrosches (Trichobatrachus robustus), 22 cm, hat zur Paarungszeit auf den Flanken und Schenkeln haarähnlich aussehende Bildungen aus lebenden Oberhautzellen, die vermutlich die Atmung unterstützen.

Viele Wege, ihr Leben zu gestalten, haben die Lurche beschritten. Sie bedienen sich ihrer auch noch heute. Sie sind weltweit verbreitet und in den unterschiedlichen Klimazonen zu Hause. Man vermißt sie fast nur in den Gebieten des ewigen Eises. Grasfrosch *(Rana temporaria)*, Moorfrosch *(Rana arvalis)* und Waldfrosch *(Rana sylvatica)* in Nordamerika sowie der Sibirische Winkelzahnmolch *(Hynobius keyserlingii)* kommen noch am nördlichen Polarkreis vor oder überschreiten ihn sogar. Auch der Sibirische Frosch *(Rana chensinensis)* und die Erdkröte *(Bufo bufo)* erreichen den nördlichen Polarkreis.

Ihre größte Mannigfaltigkeit entwickeln die Lurche in den Tropen. Eine Ausnahme bilden die Schwanzlurche, wenn man die Zahl ihrer Familien in Betracht zieht. Sieben der acht Schwanzlurchfamilien bewohnen nämlich nur die außertropischen Gebiete der nördlichen Erdhälfte. Lediglich die Lungenlosen Salamander (Plethodontidae) haben sich mit einer großen Verwandtschaftsgruppe, den Pilzzungensalamanderverwandten (Bolitoglossini), in den Tropen Amerikas stark entfaltet und sind in Südamerika bis zum zwanzigsten Grad südlicher Breite vorgedrungen. Rund die Hälfte aller wissenschaftlich beschriebenen Salamander zählt zu ihnen und ist hier beheimatet. Immer neue Arten werden aus diesen vor ein paar Jahrzehnten schwanzlurchkundlich kaum bekannten Regionen beschrieben. Schwerpunkte der Verbreitung bilden die Gebiete von Südmexiko bis Guatemala und von Kostarika bis zum nördlichen Südamerika. Sie alle

Die Männchen der einheimischen und auch noch anderer Wassermolche werden im Frühjahr zur Paarungszeit, die sie im Wasser verleben, durch ein Hochzeitskleid geschmückt. Leuchtende Farben auf den Schwanzseiten, Hautsäume und -leisten auf dem Rumpf und Hautsäume auf dem Schwanz sowie auch Lappen an den Zehen verleihen diesen Tieren ein fast märchenhaftes Gepräge. Von oben nach unten: Teichmolch (Triturus vulgaris), 11 cm, Europa, Westasien. – Kammmolch (Triturus cristatus), 16 cm, Mittel- und Südeuropa, Westasien. – Bergmolch (Triturus alpestris), 11 cm, Mittel- und Südeuropa. – Marmormolch (Triturus marmoratus), 16 cm, Frankreich, Iberische Halbinsel. – Fadenmolch (Triturus helveticus), 10 cm, westliches Mitteleuropa, Südeuropa.

sind Landtiere und im Hochland ebenso zu Hause wie in den Wäldern des Tieflandes von Veracruz bis zur Amazonasmündung.

Man findet Lurche vom Tiefland bis in Höhen über 4 000 m, darunter neben anderen den mehr als handgroßen Juninfrosch *(Batrachophrynus macrostomus)* in den Hochanden Perus, den Sohlengebirgsmolch *(Batrachuperus pinchonii)* im Himalaja oder den Engmaulfrosch *(Sphenophryne brevirostris)* in Neuguinea, ja selbst einen Vertreter der in den neuweltlichen Tropen weit verbreiteten Stummelfußfrösche *(Atelopus)*. Die auch bei uns heimische Wechselkröte *(Bufo viridis)* ist im Himalaja in 4 200 m Höhe nachgewiesen worden. Alpensalamander *(Salamandra atra)* und Grasfrosch *(Rana temporaria)* kann man in den Alpen noch in 3 000 m Höhe antreffen. Auch Laubfrösche steigen bis in Höhen über 2 500 m hinauf wie der Schenkelfleckenlaubfrosch *(Hyla pictipes)* und der Bromelienlaubfrosch *(Hyla picadoi)*; beide sind in Kostarika zu Hause. Wie diese Laubfrösche, so leben auch die meisten anderen Lurcharten nur in begrenzten Höhenstufen und besiedeln nicht zugleich Tiefland und Hochgebirge. Alpensalamander steigen z. B. kaum weit unter 700 m herab. Ausnahmen sind allerdings nicht selten. Die vorwiegend im Tiefland lebende Aga-Kröte *(Bufo marinus)* hat Ch. M. Meyers (Am. Museum Nov. Nr. 2396, 1969) in Panama unmittelbar auf dem Gipfel des Cerro Sapo im Nebelwalde in 1 080 m Höhe gefunden. Duellman begegnete ihr im Nebelwalde von Kostarika in 2 050 m Höhe. Auf der nördlichen Erdhälfte kommen im

Molchlurche, die ihre Umwandlung nicht vollenden oder sogar ihr Leben lang Larven mit Kiemen bleiben. Von oben nach unten: Armmolch (Siren lacertina), 90 cm, Südosten der USA; Aalmolch (Amphiuma tridactylum), 90 cm, Südosten der USA, ohne Kiemen, aber mit einem Paar Kiemenöffnungen; Furchenmolch (Necturus maculosus), 30 cm, Nordamerika, in oberirdischen Gewässern; Rathbunscher Brunnenmolch (Typhlomolge rathbuni), 13 cm, Texas, in unterirdischen Gewässern; Grottenolm (Proteus anguinus), 28 cm, Karsthöhlen in Jugoslawien; Japanischer Riesensalamander (Andrias japonicus), 150 cm, in Teilen Japans, ohne Kiemen und ohne Kiemenöffnungen, aber mit zwei Kiemenbogen

Süden dieselben Lurche, die niedrige Temperatur bevorzugen, meist in höheren Lagen vor als im Norden ihres Verbreitungsgebietes. So hat beispielsweise Baran in Anatolien den Springfrosch *(Rana dalmatina)* in 1 400 m und den Seefrosch *(Rana ridibunda)* in 2 250 m Höhe angetroffen. Bei uns sind beide Arten vorwiegend Tieflandbewohner.

Zuweilen lassen sich Zusammenhänge zwischen Häufigkeit einer Art und Höhenlage ihres Vorkommens erkennen. So wurde der Teichmolch, eine Tieflandart, in Südwestfalen zwischen 100 bis 200 m Höhe an 71 % der Molchlaichplätze nachgewiesen, zwischen 200 und 300 m nur noch an 50 % und zwischen 300 und 400 m nur noch an 33 % der Molchlaichplätze gefunden. Der Fadenmolch, ein Bewohner von Berglandschaften, trat zwischen 100 und 200 m Höhe nur an 10 %, zwischen 200 und 300 m sowie zwischen 300 und 400 m dagegen an 68 % bzw. 69 % der Molchlaichplätze auf. Beide Arten kommen aber auch in weit höheren Lagen vor, so z. B. der Teichmolch in Norwegen in 830 m, im Erzgebirge in 800 m, in den Abruzzen in 1 580 m Höhe, der Fadenmolch westlich des Ebro nicht unter 1 000 m.

Lurche leben im Süßwasser, im Erdboden, am Erdboden und über dem Erdboden bis in den höchsten Wipfeln der Bäume. Von den Larven entwickeln sich die meisten im Wasser. Ständige Wasserbewohner unter den erwachsenen Tieren sind solche Schwanzlurche, die ihre Umwandlung nicht vollenden. Unter diesen seien an erster Stelle Axolotl *(Ambystoma mexicanum)* und Grottenolm *(Proteus anguinus)* als die bekanntesten genannt, außerdem Furchenmolch *(Necturus)*, Aalmolch *(Amphiuma)*, Armmolch *(Siren)*, Zwergarmmolch *(Pseudobranchus)*, Riesensalamander *(Andrias)*, Schlammteufel *(Cryptobranchus)* und mehrere Arten der Lungenlosen Salamander, die vorwiegend in unterirdischen Gewässern vorkommen wie der Rathbunsche Brunnenmolch *(Typhlomolge rathbuni)*. Manche Schwanzlurche, die normalerweise die Umwandlung vollenden, bleiben ausnahmsweise Larven und dann lebenslänglich Wassertiere. Das kommt bei allen vier einheimischen Molcharten vor, besonders häufig jedoch bei dem nordamerikanischen Tigerquerzahnmolch *(Amby-*

stoma tigrinum), einem nahen Verwandten des soeben erwähnten Axolotl. Der südostasiatische Kurzfußmolch *(Pachytriton brevipes)* ist ein Gebirgsbachbewohner, der sich völlig umwandelt, aber dennoch sein Wohngewässer anscheinend nicht verläßt. Unter den Blindwühlen sind die Schwimmwühlen *(Typhlonectes)* Wasserbewohner. Selbst die Jungen der Ceylon-Blindwühle *(Ichthyophis glutinosus)*, die aus Eiern am Lande schlüpfen, vollenden nur ihre Entwicklung als Kiemenlarven im Wasser und ertrinken wie viele andere Lurche, wenn man sie nach ihrer Umwandlung unter Wasser hält.

Zu den Froschlurchen, die ständig oder doch fast ausschließlich im Wasser leben, zählen die Zungenlosen (Aglossa), das sind die Wabenkröten (Pipidae) Südamerikas und die Krallenfrösche (Xenopodidae) Afrikas südlich der Sahara. Wasserbewohner sind auch der Philippinische Scheibenzüngler oder Barbourfrosch *(Barbourula)*, die südamerikanischen Harlekinfrösche (Pseudis), die Falsche Kröte *(Pseudobufo)* des indonesischen Tieflandes, eine Reihe Echter Frösche (Ranidae) und manche der in den Anden lebenden Südfrösche (Leptodactylidae) wie der erwähnte Juninfrosch oder die Andenfrösche des Titicacasees Perus und einiger Nachbargewässer, die man sogar noch in 70 m Tiefe antrifft. Aus der Lurchwelt unserer Heimat seien die Unken *(Bombina)* angeführt.

Froschlurche, die ohne Umwandlung Geschlechtsreife erlangen, sind unbekannt. Alle ständigen Wasserbewohner unter den Froschlurchen machen im Gegensatz zu vielen Schwanzlurchen eine vollständige Umwandlung durch. Sie können daher freiwillig oder erzwungenermaßen kürzere und längere Perioden außerhalb des Wassers überdauern und zuweilen auch Landwanderungen unternehmen.

Enge Bindung an Gewässer zeigen zahlreiche weitere Froscharten, so unser Wasserfrosch *(Rana esculenta)*, der sich wie andere »Uferfrösche« im Wasser und in der unmittelbaren Nähe seines Wohngewässers aufhält und bei Gefahr ins Wasser flüchtet. Bei den genannten Molchlurchen, Blindwühlen und Fröschen ist die Beziehung zum Wasser, dem die urtümlichen Lurche einst entstiegen, ganz augenscheinlich. Manchen vorwiegend am Lande lebenden Fröschen wie dem Grasfrosch oder dem amerikanischen Leopardfrosch *(Rana pipiens)* dienen Gewässer zur Überwinterung.

Meerwasser bildet für alle Amphibien eine unüberwindliche Verbreitungsschranke. Dennoch pflanzen sich einige Lurche gelegentlich in schwach brackigem Wasser fort, unter den heimischen Arten Teichmolch, Fadenmolch, Erdkröte und Wechselkröte. Von letzterer überleben die Larven noch in 15%igem Meerwasser. Die Larven des Krabbenessers, der sich in Krabbenhöhlen in Mangrovensümpfen der Gezeitenzone im südöstlichen Asien verbirgt und ebenso wie der südostbrasilianische Südfrosch *Thoropa miliaria* sogar Meereskrabben verzehrt, entwickeln sich selbst in 40%igem Meerwasser normal.

Zahlreiche Lurcharten leben unterirdisch, oft in der unmittelbaren Nähe von Gewässern, unter diesen hauptsächlich die Blindwühlen. Auch für sie ist Wasser lebenswichtig. Sie benötigen zwar keine unterirdischen Gewässer wie der Rathbunsche Brunnenmolch, sind aber meist auf hohe Bodenfeuchtigkeit angewiesen und lieben vielfach Gewässernähe oder sumpfigen Boden. In die Savanne dringen diese Tropenbewohner allenfalls entlang den Flüssen vor. Die Tiere sind Spezialisten dieser Lebensweise und ihr ganz vorzüglich angepaßt. Sie erinnern nicht nur nach ihrem Äußeren, sondern auch durch Lebensweise und Verhalten an Regenwürmer, mit denen sie deshalb immer wieder verglichen und bei einem flüchtigen Blick selbst von Fachleuten verwechselt werden können.

Viele der am Boden lebenden Schwanzlurche ziehen sich zeitweilig in das Erdreich zurück. So kann man auch die einheimischen Wassermolche während ihrer Winterruhe in unterirdischen Quartieren finden. Feuersalamander und Alpensalamander überwintern nicht nur im Erdreich, sondern halten sich auch sonst während des Tages bei trockener Witterung in unterirdischen Verstecken auf. Die Zahl der Schwanzlurche mit ausgedehnter unterirdischer Lebensweise ist bemerkenswert. Der Schleichensalamander *(Phaeognathus hubrichti)*, ein Verwandter der Bachsalamander *(Desmognathus)*, führt ein so verstecktes Leben im Waldboden eines kleinen, küstennahen Gebietes im südlichen Alabama, daß er erst im Jahre 1961 – und außerdem nur rein zufällig – in dieser lurchkundlich gut bekannten Landschaft entdeckt worden ist. Die Jungen entwickeln sich direkt aus terrestrischen Eiern. Auch Wurmsalamander *(Batrachoseps)* als Bewohner von Re-

Wasserlurche mit vollständiger Umwandlung. Von oben nach unten: Schwimmwühle (Typhlonectes natans), 50 cm, nördl. Südamerika; Krallenfrosch (Xenopus laevis), 13 cm, Südafrika; Wabenkröte (Pipa Pipa), 20 cm, Südamerika

genwurmröhren und andere Arten Lungenloser Salamander verbringen einen Teil ihres aktiven Lebens im Erdboden, setzen dort sogar ihren Laich ab und bewachen ihn bis zum Schlüpfen der bereits umgewandelten Jungen.

Beachtlich ist auch die Anzahl der Froschlurche, die unterschiedliche Abschnitte ihres Lebens im Erdboden verbringen. Vielen Arten ist er Zufluchtsort in Perioden der Ruhe oder Zeiten mit ungünstiger Witterung. Anderen dient er als Herberge für das Nest ihrer Nachkommen und während der Jugendentwicklung. Grabfrösche kennt man unter Krötenfröschen (Pelobatidae), Kröten (Bufonidae), Engmaulfröschen (Microhylidae), Südfröschen (Leptodactylidae), Echten Fröschen (Ranidae) und Laubfröschen (Hylidae). Viele haben die Fähigkeit, sich einzugraben, zur Meisterschaft entwickelt. Die meisten benutzen die Hinterbeine, aber manche – wie der australische Schildkrötenfrosch *(Myobatrachus gouldii)* – die mächtig ausgebildeten Vordergliedmaßen. Auch die einheimische Geburtshelferkröte *(Alytes)* vermag mit den Händen zu graben. Wieder andere bedienen sich des Kopfes als Grabwerkzeug. Zu diesen zählt das Männchen des zwerghaften, bis 22 mm großen südafrikanischen Hogsbackfrosches *(Anhydrophryne rattrayi).* Mit seiner im Gegensatz zum Weibchen stark verknöcherten, hornüberzogenen Kopfspitze stellt es die Höhle für das Nest her. Auch die Ferkelfrösche *(Hemisus)* graben mit ihrer spatenförmigen Schnauze. In ihrer Heimat werden die Tiere deshalb anschaulicher als bei uns Schaufelnasenfrösche (showel-nosed-frogs) genannt. Beim Graben nehmen sie

Kletterlurche und Grabfrösche. Von oben nach unten: Baumsalamander (Aneides lugubris), 14 cm, Kalifornien; Afrikanischer Baumfrosch (Chiromantis xerampelina), 8 cm, mit seinem Nest, Mittel- und Südafrika; Affenfrosch (Pithecopus hypocondrialis), 4 cm, tropisches Südamerika; Schaufelfuß (Scaphiopus couchii), 7,5 cm, südwestl. Nordamerika; Knoblauchkröte (Pelobates fuscus), 7 cm, Mittel- und Osteuropa, Westasien; Kurzkopffrosch (Breviceps adspersus), 5 cm, Südafrika; Gefleckter Ferkelfrosch (Hemisus guttatum), 9 cm, Südafrika; Südafrikanischer Ochsenfrosch (Pyxicephalus adspersus), 20 cm, Südafrika die Arme zu Hilfe und stoßen dann die Erde mit den Beinen weiter. In Anpassung an diese Art, sich einzugraben, ist bei den Tieren die Kopfspitze mit einer starken Hornhaut bedeckt, die Mundöffnung hat sich von der Kopfspitze auf die Kopfunterseite verlagert, und der Brustschultergürtel erweist sich als sehr kräftig entwickelt. Das Verfahren ist nicht sehr wirkungsvoll und setzt voraus, daß der Boden durch Regen aufgeweicht ist. Trockengebiete werden von Ferkelfröschen nicht besiedelt. Walker fand die Tiere bei Zaria in Nigeria nur in begrenzten Bezirken, wo der Boden feucht ist, meist gut kultiviert und bewässert wird. Fast das ganze Jahr über leben sie unterirdisch. Doch zur Paarung kommen die Geschlechter an die Oberfläche.

Die Schaufelfüße *(Scaphiopus)* in Trockengebieten Nordamerikas verbringen den größten Teil ihres Lebens, selbst länger als neun Monate zusammenhängend, bis zu 1 m tief oder auch noch tiefer vergraben im Boden. Starker Regen lockt sie hervor. Dann laichen die Frösche noch in derselben Nacht in den frischen Regenlachen, in denen sich nun die Larven innerhalb weniger Tage bis zur Umwandlung entwickeln. Danach sind diese Geschöpfe wieder wie vom Erdboden verschwunden. Auch die europäische Knoblauchkröte *(Pelobates)* gräbt sich so tief ein. Sie kommt nachts zur Nahrungssuche, Paarung und Fortpflanzung an die Oberfläche. Deshalb bleibt sie selbst in Gegenden, in denen sie häufig auftritt wie in den Sandbodengebieten bei Berlin, vielen Naturfreunden fast unbekannt. Um sich ihrer Anwesenheit zu vergewissern, muß man auf ihre Riesenlarven achten oder sich nachts auf die Suche begeben oder die Speiballen (Gewölle) von Eulen nach den auffälligen Knochenresten der Knoblauchkröte durchmustern. Selten nur sieht man sie am Tage. Auf einem Ausflug bei Caraorman im Donaudelta stieß ich mittags auf eine Knoblauchkröte, die auf einer Weide im hellen Sonnenschein unterwegs war und gerade einen Grashüpfer verspeiste. Eine andere Knoblauchkröte sah ich an einem Julitage im Jahre 1971 um 12.20 Uhr auf einem Wege in Berlin-Buch, ebenfalls im hellen Sonnenschein, bei 27 °C Lufttemperatur. Jahre später fand ich hier ein vertrocknetes Exemplar.

Ähnlich wie Schaufelfüße und Knoblauchkröten leben Grabfrösche auch in den australischen Trockengebieten. Unter diesen seien die Knoblauchkrötenfrösche *(Neobatrachus)* und der Nichollsfrosch *(Notaden nichollsi)* erwähnt. Auch sie haben Wasserlarven. Ihren Lebensweg beginnen sie in Schaumnestern. Ein weiterer Grabfrosch ist *Heleioporus eyrei.* Er legt im Frühling sein Schaumnest im Erdboden an. Die Jungen entwickeln sich innerhalb der Eihüllen, bis sich die äußeren Kiemen rückgebildet haben. Dann müssen sie darauf warten, daß ihr Nest überflutet wird, damit sie zur Vollendung ihrer Entwicklung ins Wasser gelangen.

Grabfrösche Südafrikas sind der Schmuckfrosch *(Hildebrandtia ornata)*, die Pyxis, unter diesen der südafrikanische Ochsenfrosch *(Pyxicephalus adspersus)*, und die Kurzkopffrösche *(Breviceps).* Pyxis und Kurzkopffrösche sind in der gesamten Kalahari verbreitet.

Der oberirdische Lebensraum der Lurche umfaßt alle Höhenbereiche von der Bodenschicht bis in die Baumwipfel. Die als Bewohner des Erdbodens aufgezählten und die zahlreichen nicht genannten ähnlich lebenden Arten verlassen zumindest zeitweilig ihre unterirdischen Behausungen und Reviere, mögen sie Nahrung suchen oder für die Erhaltung der Art sorgen. Die oberirdischen Arten finden eine Fülle von Versteckplätzen in der Bodenstreu, zwischen Gras und anderen Pflanzen des Bodenbewuchses, im Blattwerk der Sträucher und Bäume, in Baumhöhlen oder in Blattachseln und selbst in den Mikrogewassern der Überpflanzen.

Viele Lurche können klettern, manche wie der Feuersalamander oder die einheimische Wechselkröte *(Bufo viridis)* allerdings nur wenig. Selbst die als Bewohner des Erdbodens erwähnten Wurmsalamander *(Batrachoseps)* wagen sich ins Gebüsch hinauf. Viele Schwanzlurche möchten aber »höher hinaus«, so die Alligatorensalamander *(Aneides lugubris)*, die in den Baumhöhlen der Lebenseichen im Park der Universität in Berkeley 10 bis 20 m über dem Erdboden familienweise hausen, oder gar der im Wipfel eines hohen Baumes entdeckte Baumkletterer *(Bolitoglossa arborescandens)* Kostarikas und andere Lungenlose Salamander. Finger und Zehen sind bei diesen

Korallenfinger (Litoria caerulea), 10 cm, im Osten Australiens weit verbreiteter Riesenlaubfrosch, häufig in menschlichen Ansiedlungen zu finden, zur Paarung in Gewässern

Klettersalamandern bis zu den Spitzen von Spannhäuten eingeschlossen und wirken als Haftorgane. Manche benutzen den Schwanz, um sich festzuhalten. Haftscheiben an Fingern und Zehen zeichnen baumbewohnende Frösche aus, nicht allein die echten Laubfrösche (Hylidae), sondern ebenso die zahlreichen Baumfrösche anderer Familien. Dazu rechnen viele Arten der altweltlichen Ruderfrösche (Rhacophoridae), der Echten Frösche (Ranidae), der Südfrösche (Leptodactylidae) und der Engmaulfrösche (Microhylidae). Die sprunggewandten Laubkröten (Nectophryne) in Afrika haben anstelle von Haftscheiben breite Haftlamellen auf den Innenflächen der Hände und Füße ausgebildet; diese befähigen sie, sich selbst auf der Unterseite waagerechter Glasscheiben mit Leichtigkeit fortzubewegen.

Bei allen Lurchen sind es Drüsenausscheidungen der Hand- und Fußflächen, der Unterseite der Arme und Beine und des Bauches, die das Festhaften bewirken. Mit Hilfe dieser Absonderungen heften sich auch kleinere Schwanzlurche und Froschlurche ohne besondere Hafteinrichtungen auf Blättern und anderen glatten Flächen mühelos an und klettern an senkrechten Glaswänden empor. Kein Kletterlurch hat Krallen. Aber manche Baumfrösche können Daumen und erste Zehe den übrigen Fingern und Zehen gegenüberstellen und Hände und Füße zum Greifen benutzen. Sehr auffallend ist diese Fähigkeit bei den amerikanischen Maki- und Affenfröschen ausgebildet, aber auch noch bei anderen Laubfröschen vorhanden. Die afrikanischen Baumfrösche *(Chiromantis)* aus der Familie der Ruderfrösche (Rhacophoridae) stellen die beiden Innenfinger den äußeren gegenüber und bedienen sich der Hände gewissermaßen als Greifzangen.

Umwelt und Lebensweise

Durch die Fähigkeit, sich einzugraben und im Erdboden fortzubewegen, im Wasser zu schwimmen und zu tauchen und Bäume und Felsgestein zu erklimmen, konnten die Lurche in sehr verschiedenartige Lebensstätten vordringen und hier ansässig werden. So ergeben sich für diese Geschöpfe außerordentlich vielfältige Beziehungen zu den unterschiedlichen Faktoren der Umwelt, die in ihrer Gesamtheit die Lebensbedingungen ausmachen und mit denen sie sich auseinanderzusetzen haben. Der wissenschaftlichen Untersuchung dieser Zusammenhänge widmet sich ein Teilgebiet der Zoologie, das schon im Einleitungsabschnitt erwähnt worden ist: die Ökologie. Die einzelnen Faktoren der unbelebten Umwelt lassen sich vielfach mit geeigneten Meßmethoden genau erfassen. Dadurch bietet sich die Möglichkeit, Höchstwerte und Tiefstwerte oder obere und untere Grenzen zu ermitteln, bei denen eine Tierart gerade noch zu leben vermag. Als Optimum bezeichnet man die günstigsten Werte. Zwischen den günstigsten und den extremen Werten liegt der erträgliche Bereich. Die Werte können durch Gewöhnung verändert werden. Mellanby hat Grasfrösche und Feuersalamander an 10 °C und 30 °C gewöhnt (akklimatisiert) und sie dann in 0 °C Umgebungstemperatur überführt: die an 10 °C gewöhnten Tiere blieben aktiv, die anderen aber nicht.

Durch Anwendung moderner Geräte und Verfahren und Bearbeitung immer neuer Fragestellungen haben sich die Kenntnisse über die Ökologie der Lurche erheblich erweitert. Temperatur, Feuchtigkeit, Salzgehalt und Säuregrad des Wassers sind für den Lebensablauf dieser Tiere maßgebend, Faktoren, die genauer Messung zugänglich sind. Überraschend ist die überaus enge Abhängigkeit der wechselwarmen Lurche von Umgebungstemperaturen.

Der Berliner Zoologe K. Herter (1891–1980) hat mit einem Gerät, das er Temperaturorgel nennt, für eine Anzahl Lurche die Temperaturen ermittelt, in deren Bereich sich diese Tiere besonders gern aufhalten. Sie heißen Vorzugstemperaturen. Das an sich recht einfache und daher bestechende Verfahren beruht darauf, »daß die meisten Lurche gegen Temperaturunterschiede sehr empfindlich sind und sich in einem Temperaturgefälle orientieren, indem sie sich bei bestimmten, artlich verschiedenen Temperaturen zur Ruhe legen. Die Höhen dieser Vorzugstemperaturen stehen in Beziehung zu den Lebensweisen und Lebensstätten der einzelnen Arten«. Einige Beispiele nach Herter (Slg. Göschen, Heft 847, 1955) seien hier angeführt; die Temperatur ist in Celsiusgraden angegeben, danach die hauptsächliche Lebensstätte: Feuersalamander: 18,6 – feuchte Mittelgebirgswälder; Kammmolch: 20,6 – tiefere Tümpel; Teichmolch: 23,5 – flachere Tümpel; Laubfrosch: 27,4 – auf Bäumen und Sträuchern; Kreuzkröte: 30,1 – Stranddünen; Wechselkröte: 32,9 – steppenartiges Gelände; Wasserfrosch: 28,7 – Teiche, Seen.

Anschaulicher noch verdeutlicht eine vergleichende Gegenüberstellung der Bedürfnisse und Eigenheiten von Grasfrosch, Erdkröte und Wasserfrosch nach R. Douglas Temperaturabhängigkeiten dieser Geschöpfe:

	Grasfrosch	Erdkröte	Wasserfrosch
Fortpflanzungsmonat (bei London)	März	April	Mai
nördlichster Nachweis	ca. 70 °N	65 °N	60 °N
südlichster Nachweis	ca. 43 °N	34 °N	28 °N
höchstes Auftreten	ca. 3 000 m	2 000 m	1 000 m
Eierentwicklung vom 2-Zellenstadium bis Eintritt der Kiemenzirkulation bei 17,6 °C	97 h	139 h	170 h (berechnet)

Das Verhalten des Königslaubfrosches *(Hyla regilla)*, des bei weitem häufigsten Lurches des westlichen Nordamerikas, haben Brattstrom und Warren in seiner Abhängigkeit von Temperaturbedingungen genau beobachtet. Ihre Ergebnisse sind sehr interessant: Wenn Luft- und Bodentemperatur 10 °C übersteigen und die Frösche sich daher ausreichend aufwärmen können, kommen sie aus den Winterquartieren oder anderen Verstecken hervor und begeben sich ins Wasser. Bei 8 °C und höherer Wassertemperatur bleiben sie im Wasser. Sie rufen erst, wenn sich Luft und Wasser und daher auch der Körper auf 9,8 °C bis 10,0 °C erwärmt haben. Bei 9,8 °C und 9,9 °C macht ihnen das Rufen noch Mühe, ihr Quaken klingt schwach. Sie rufen aber oder sind im Wasser oder außerhalb des Wassers aktiv, wenn die Temperatur weiter ansteigt. Oberhalb 20 °C jedoch singen sie nicht oder höchstens selten. Sie suchen dann kühlere Tümpel auf oder ziehen sich in den Schatten im Grase zurück. Die Königslaubfrösche laichen bei 12 °C bis 15 °C, weder bei niedrigerer noch bei höherer Temperatur. Bei höherer Temperatur wandern die Tiere in Tümpel mit kühlerem Wasser ab, falls es solche gibt. Frisch gelegte Eier können Temperaturen von −5 °C bis −7 °C für zwei Stunden überleben und auch 34 °C aushalten, spätere Entwicklungsstadien auch 38 °C zwei Stunden lang überstehen. Die Larven bevorzugen 19° bis 20 °C warmes Wasser; sie können aber auch 0° bis 2 °C und 33 °C ertragen.

Für andere Arten erhält man andere Werte. Bei eingehenden Untersuchungen von R. G. Zweifel über die Keimlingsentwicklung bis zum Schlüpfen aus den Eihüllen der in den Trockengebieten der südwestlichen USA lebenden Froschlurcharten hat sich herausgestellt, daß sich der Westliche Schaufelfuß *(Scaphiopus couchii)* noch bei einer gleichbleibenden Temperatur von 34 °C entwikkelt. Er laicht in vorübergehenden Regentümpeln dieses wüstenähnlichen Gebietes, in den wärmsten Wasserstellen, die es dort gibt. Die Jungen entwickeln sich schneller als die anderer dort lebender Arten. Eine Temperaturerhöhung um 10 °C von 19 °C auf 29 °C bewirkt eine vierfache Beschleunigung ihres Entwicklungstempos. Die verträglichen Höchsttemperaturen für die jüngsten Stadien der beiden anderen dort vorkommenden Arten Schaufelfüße (*S. hammondi* und *S. bombifrons*) liegen ziemlich niedrig. Dennoch haben sie sich an diese Verhältnisse angepaßt. Ihre Frühentwicklung vollzieht sich so schnell, daß die hitzeempfindlichen Stadien bereits durchlaufen sind, bevor die Vormittagssonne das Tümpelwasser gefährlich aufheizt. Dadurch können auch sie überleben.

Unterschiedliche Verflechtungen bestehen zwischen Feuchtigkeitsbedingungen, Temperaturverhältnissen, Paarung und Fortpflanzung. Martin (Copeia, 1969) hat seine Erfahrungen mit dem Sandfrosch *(Limnodynastes dorsalis dumerili)*, einem australischen Grabfrosch, nördlich von Melbourne folgendermaßen zusammengefaßt: Ist der Boden mit Feuchtigkeit etwa gesättigt, so verlassen die Tiere ihre Winterquartiere genau dann, wenn die Bodentemperatur 12,5 °C überschreitet. Alle Männchen kommen fast gleichzeitig hervor. Bei geringerer Bodenfeuchtigkeit dagegen erscheinen die Frösche zu unterschiedlichen Zeitpunkten, manche nicht einmal dann, wenn die Bodentemperatur auf 16 °C bis 18 °C angestiegen ist. Beendigung der Winterruhe und Beginn der Fortpflanzung stehen nicht immer in engem Zusammenhang, denn Niederschläge und Bodenfeuchtigkeit scheinen als Anreiz für die Paarung wichtiger zu sein als Wasser an den Laichplätzen.

Feuchtigkeitsverhältnisse und Temperaturbedingungen bestimmen entscheidend die Fortpflanzungszeiten der

Lurche. In den Tropen mit gleichbleibender Wärme sind es die Feuchtigkeitsverhältnisse. Verteilen sich die Niederschläge nahezu gleichmäßig auf den Kreislauf des Jahres, so laichen dort die Lurche vielfach fast in jedem beliebigen Monat. Das trifft beispielsweise auf Java für die Schwarznarbenkröte *(Bufo melanostictus)* zu oder im Regenwald von Sarawak auf Kalimantan (Borneo) für die dortige Rauhkröte *(Bufo asper)*, den Orientalischen Wasserfrosch *(Rana blythi)*, den Zahnfrosch *(R. macrodon)*, Ingers Uferfrosch *(R. ibanorum)*, den Sundafrosch *(R. hosei)* (Inger, Fieldiana Zoology, Bd. 52, 1966). In Gebieten mit ausgesprochenen Regenzeiten bestehen für Arten, die sich gleich bei Beginn der Regenzeit fortpflanzen, weit bessere Aussichten für das Aufkommen einer kopfreichen Nachkommenschaft als für andere.

Die anregende Wirkung von Niederschlägen am Beginn der Regenzeit kann jeder leicht beobachten, der sich in den Tropen aufhält. Der bekannte amerikanische Herpetologe Inger hat seine Erlebnisse bei Ndelele im Garamba-Nationalpark am Nordostrand des Kongo sehr eindrucksvoll geschildert: »Zwischen dem 6. und 12. April 1959 hörten wir außer Ferkelfröschen *(Hemisus guineensis)* auf dem Berggipfel keine Frösche rufen. Zwischen dem 1. und 12. April fielen 3,6 mm Regen. Der Boden des vorübergehenden Tümpels war trocken. Am 12. April setzte um 22.40 Uhr Regen ein; in den nächsten 30 Minuten fielen 11,8 mm Niederschläge. Um 23.30 Uhr füllte sich der kleine Tümpel mit ablaufendem Wasser, und die Frösche waren außerordentlich zahlreich und aktiv. Zwischen 22.30 und 0.00 Uhr hörten wir die Stimmen zahlreicher Männchen des Tigerfrosches *(Dicroglossus occipitalis)*, Spitzmaulfrosches *(Ptychadena oxyrhynchus)*, Braunrückenfrosches *(Rana huguettae)*, Ferkelfrosches und einiger Schmuckfrösche *(Hildebrandtia ornata)*. Wir sahen klammernde Pärchen des Nördlichen Krallenfrosches *(Xenopus muelleri)*, des Ferkelfrosches, des Braunrücken- und des Schmuckfrosches. Am Morgen des 13. April war die 4 m · 5 m große Oberfläche des Tümpels mit Froschlaich bedeckt. Am 13. April regnete es nicht. In dieser Nacht trafen wir nur auf sechs Frösche: je einen Braunrücken- und Tigerfrosch und vier Ferkelfrösche.«

Oft erweisen sich vorübergehende Gewässer dieser Art als Todesfallen. Deshalb haben sich zahlreiche Lurche darauf eingestellt, die Fortpflanzung zu unterbrechen und unter günstigen Bedingungen wieder zu beginnen. Dieser Tümpel am Berg von Ndelele enthielt bereits nach Regenfällen am 18. und 24. März 1959 Wasser und Froschlaich. Als das kleine Gewässer am 6. April völlig austrocknete, starben dort unzählige Froschlarven.

Ohne Wasser können keine Lurche leben. Wasser benötigen sie alle, selbst Steppenkröten, die durch ihre dicke, feste Haut besonders gut an die Lebensbedingungen in Trockengebieten angepaßt sind. Die Wasseraufnahme durch die Haut ist bei Steppenkröten weit wirkungsvoller als bei Wasserlurchen. Bei der afrikanischen Pantherkröte *(Bufo regularis)* erweist sie sich als dreimal, bei solchen mit Wasserdefizit im Körper sogar als neunmal so stark wie beim Krallenfrosch *(Xenopus laevis)*. Bei Krallenfröschen mit Wasserdefizit, wie er im Versuch herbeigeführt werden kann, steigert sich die Wasseraufnahme durch die Haut keineswegs. Solche »entwässerten« Tiere verhalten sich wie normale Krallenfrösche. Unter Naturbedingungen kommt Wasserdefizit im Körper in artbedrohendem Ausmaß bei ihnen nicht vor. Die Ausbildung einer Anpassung an gesteigerte Wasseraufnahme durch die Haut erschiene beim Krallenfrosch, der ja im Wasser lebt, kaum biologisch sinnvoll, im Gegenteil, eine unnötige Wasserzufuhr würde Nieren und andere Organe erheblich belasten.

Vermutlich weisen auch noch andere Froschlurche ähnliche Einrichtungen zur Wasseraufnahme wie Steppenkröten auf, z. B. der Afrikanische Graue Baumfrosch *(Chiromantis xerampelina)* und andere Baumfrösche, die sich während Trockenzeiten an Örtlichkeiten aufhalten, an denen Frösche und Kröten sonst innerhalb weniger Tage vertrockneten. Auch Schaufelkröten in trockener Erde erwecken niemals einen vertrockneten Eindruck. Aus diesen und anderen Erfahrungen vermag man leicht zu schließen, daß die Lurche ihren Wasserhaushalt genau regulieren und dazu über vorzügliche Einrichtungen und Verhaltensweisen verfügen.

Dieses kennzeichnende Verhalten läßt sich an vielen

Froschlurchen bequem beobachten, die Wasser von einer Unterlage aufsaugen wollen. Es scheint weit verbreitet zu sein. Füße und Fersen liegen dann nicht direkt unter den Knien, sondern auswärts, und auch die Knie liegen seitlich vom Körper. Setzt man Frösche, die sich frei in trokkener Zimmerluft aufgehalten und 10 oder 20 % Wasser verloren haben, auf eine feuchte Glasplatte, dann nehmen sie die beschriebene Haltung ein. Außerdem kann man durch die Glasplatte beobachten, daß die hinteren Lymphherzen stark pulsieren. Wasser aufsaugende Frösche bleiben auf einer feuchten Unterlage lange Zeit bewegungslos sitzen.

Ein Wasserspeicher aller Lurche ist die Harnblase. In der Stammesgeschichte der Wirbeltiere tritt sie hier erstmals auf. Lurche können Wasser aus dem Harnblaseninhalt zurückgewinnen. Die höheren Wirbeltiere sind dazu nicht befähigt.

Wasserlarven – eine Anpassung an Trockengebiete

Lurche in Trockengebieten haben Wasserlarven. Deshalb können sie sich nur fortpflanzen, wenn ihnen wenigstens hin und wieder Gewässer zur Verfügung stehen. Die 3,5 cm große Okahandjakröte *(Bufo hoeschi)* aus dem zentralen Hochland von Südwestafrika kommt nur an einem kleinen Quellgraben in der Nähe von Okahandja vor. Die Tiere haben dort einen harten Daseinskampf zu führen, da die Quelle nur wenige Tage im Jahr Wasser führt. Neun oder auch mehr Monate hintereinander bleibt sie trocken. Auch der Afrikanische Ochsenfrosch *(Pyxicephalus adspersus)*, der beißlustige *Pyxicephalus delalandei* und andere Froschlurche unter ähnlichen Lebensbedingungen verbringen den größten Teil des Jahres tief unter der Erdoberfläche. Unter extremen Trockenbedingungen mag es vorkommen, daß Lurchbevölkerungen verlöschen. Der erst im Jahre 1934 beschriebene Schwarzbauchige Scheibenzüngler *(Discoglossus nigriventer)*, der nur an einem Fundort in Israel beobachtet wurde, ist in seiner Existenz stark bedroht, wenn nicht inzwischen gar ausgestorben.

Weit eindrucksvoller ist das Vorkommen von Froschlurchen an bestimmten begrenzten Stellen in Mittelaustralien wie im Palmental in der Nähe von Alice Springs in einer felsigen, heißen und trockenen Umgebung. Hier leben Laubfrösche (*Litoria rubella* und *L. gilleni*) und Südfrösche (*Heleioporus, Limnodynastes* und *Cyclorana*). Alle diese Lurche entwickeln sich über Wasserlarven. Der nächste Verwandte von *L. gilleni* ist der im Osten Australiens lebende, den Terrarianern gut bekannte Korallenfinger *(L. caerulea)*. Beide sind so wenig voneinander verschieden, daß man sie nur als Unterarten werten kann. Die *L. rubella* lebt auch im Nordwesten und Osten des Kontinents. Im Herzen dieses Erdteils haben sich die Frösche trotz der allgemeinen Austrocknung des Landes, die am Ende des Tertiärs einsetzte, erhalten.

Als ein ähnliches Beispiel für die Schwanzlurche sei erwähnt, daß sich in Kleinasien die dort lebenden Wassermolche (Kammolch, Teichmolch, Bandmolch) im wesentlichen auf klimatisch begünstigte regenreiche Küstenzonen beschränken. Die Kleinasiatischen Bergmolche *(Neurergus)* sind in der Gegenwart von einigen wenigen Fundpunkten bekannt, die sich auf ein riesiges Gebiet von Burdur im Westen Kleinasiens bis Luristan im Iran verteilen und die geringen Reste eines einst großen, zusammenhängenden, durch Austrocknung der Landschaft zerfallenen Verbreitungsareals dieser Molche darstellen.

Man kann Lurche gelegentlich völlig unerwartet in extremen Trockengebieten antreffen, die für diese Tiere im höchsten Maße umweltfeindlich anmuten. So erging es auch A. Schwartz (Ann. Carnegie Mus., Bd. 43, 1971), als er in einer nach bisherigen Erfahrungen von Fröschen gänzlich unbesiedelten Gegend Haitis bei Cabo Rojo nach heftigen Tieflandregen Dominikanische Laubfrösche *(Hyla dominicensis)* sammelte und kleine Chöre dieser auf den Antillen weit verbreiteten Geschöpfe aus verstreuten, vorübergehenden Tümpeln rufen hörte.

Mag es auch noch so widersprüchlich klingen: Der Entwicklungsweg der Froschlurche in Trockengebieten über Wasserlarven ist eine Anpassung, die diesen Geschöpfen das Überleben in jenen wasserarmen Gegenden ermöglicht! Jüngste Entwicklungsstadien haben besonders großen Wasserbedarf. Wachstum und Gewichtszunahme der Keimlinge vor Beginn der aktiven Nahrungsaufnahme beruhen in erheblichem Ausmaß darauf, daß in die sich bildenden Körpergewebe Wasser eingebaut wird. Der Bedarf an Wasser wird mit Sicherheit befriedigt werden können, wenn die Entwicklung direkt im Wasser stattfindet. Darauf stellen sich die Steppenlurche ein. Sie nehmen dafür sogar einige anscheinend schwerwiegende Nachteile in Kauf: Der im Wasser abgelegte Laich ist völlig schutzlos jedem Räuber ausgeliefert. Praktisch schutzlos und wehrlos sind auch die Larven. Beide, Eier und Larven, bilden die Nahrung vieler anderer Wasserbewohner, selbst der eigenen Artgenossen. In unzählbaren Mengen werden sie zur leichten Beute ihrer Räuber. Gegen vorzeitiges Austrocknen der Laichplätze haben Laich und Larven keinen Schutz. Allenfalls können sie ihre Entwicklung beschleunigen. Diese Fähigkeit kommt wohl sehr vielen Lurchlarven zu, nicht nur den Steppenlurchen. Vom Nordamerikanischen Ochsenfrosch *(Rana catesbeiana)* ist beispielsweise bekannt, daß die Entwicklung bis zur Umwandlung vier Monate in Louisiana und bis zwei Jahre in New York beanspruchen kann. Viele Krötenquappen neigen dazu, sich schnell zu entwickeln.

Wieviel Eier legen Wasserlaicher?

Trotzdem müssen Lurche mit Wasserlarven zuweilen kaum zählbare Mengen Eier absetzen, damit nach den ebenso massenhaften Verlusten auf dem langen Entwicklungsweg bis zur Geschlechtsreife wenigstens ein kleiner Teil vom Nachwuchs erhalten bleibt. Wie groß die Mengen an Laich sind, können wir Frühjahr um Frühjahr auch bei uns an jedem Tümpel beobachten, in dem sich Frösche und Kröten paaren. Die Laichballen der Frösche fallen besonders auf. Beispielsweise legt ein Grasfroschweibchen im Durchschnitt 2 000 Eier und verliert durch die Laichabgabe ein Viertel bis nahezu die Hälfte (44 %) seines Körpergewichtes. Die Eier der Kröten sind in Gallertschnüren aufgereiht. Beim Laichen schwimmen die Pärchen hin und her und spannen die austretenden

Laichschnüre aus. Auch ihre Eier zählen nach Tausenden. Für die Wechselkröte *(Bufo viridis)* werden 10 000 bis 12 000 Eier angegeben, für andere Arten noch mehr, für die Pantherkröte *(Bufo regularis)* 20 000 Eier, für die verwandte *Bufo pardalis* aus Afrika bei einer einzigen Laichabgabe 24 000 Eier. Das sind Mengen, die verschwenderisch anmuten. Solche Eier sind sehr klein und dotterarm, ihr Durchmesser beträgt kaum mehr als 0,5 oder 1 mm. Die Keimlinge schlüpfen in einem sehr frühen Entwicklungsstadium nach ein bis zwei Tagen, wachsen dann aber schell heran.

Manche Wasserlaicher heften ihre Eier mehr oder weniger versteckt an Wasserpflanzen an, unsere einheimischen Molche sogar jedes Ei einzeln, und biegen als besonderen Schutz noch das Pflanzenblatt um das Ei herum. Aber damit spätestens ist die elterliche Fürsorge, die sich in der Mehrzahl der Fälle auf die Auswahl des Laichplatzes beschränkt, bei den meisten im Wasser laichenden Lurchen erschöpft. Aufwendige Laichverfahren können sich nur Lurche leisten, die in einem längeren Zeitraum weniger Eier legen. Unsere Wassermolche laichen kaum mehr als 300 Eier ab und lassen sich dazu je nach Witterung ein paar Wochen Zeit. Der Befruchtung gehen längere Liebesspiele voraus. Dabei setzt das Männchen aus Gallerte bestehende zarte Samenträger ab, von denen das Weibchen mit seiner Kloake die am Gipfel befindliche Samenmasse abnimmt. Bis dann die ersten Eier gelegt werden, verstreichen nochmals ein oder zwei oder auch noch mehr Tage.

Weil sich die Wassermolche im Wasser paaren, geraten sie allerdings immer dann in Schwierigkeiten und müssen zum Landleben unverrichteterdinge zurückkehren, wenn ihre Laichplätze schon während der Liebesspiele austrocknen. Sie bilden ihre Paarungstracht zurück und werden wieder Landtiere. Besonders Teichmolch, Bergmolch und Fadenmolch werden häufiger dazu gezwungen. Füllen sich aber wenigstens nach einigen Wochen oder gar nach zwei bis drei Monaten die Molchtümpel erneut mit Wasser, so werden die Tiere wiederum Wasserbewohner und nehmen ihre unterbrochene Fortpflanzungstätigkeit wieder auf. Wer sich noch die Zeit gönnt, im Frühling das Leben in den Tümpeln zu verfolgen, wird über ähnliche Erfahrungen verfügen. Eine besonders anschauliche Schilderung dieser Zusammenhänge hat Mertens (Senckenberg-Buch 16, 1947) gegeben: »So beobachtete ich in einem kleinen Lehmtümpel bei Oberlais (Vogelsberg) am 16. April 1944 laichende Teichmolche, deren Männchen mit ihren Liebesspielen vor den Weibchen beschäftigt waren. Als die Tümpel kurz darauf infolge des niederschlagsfreien Wetters austrockneten, verschwanden die Molche. Sie erschienen aber wieder, als sich die Tümpel erneut mit Regenwasser füllten, was in der Nacht vom 8. auf den 9. Juli der Fall war. Bereits am 10. ergingen sich die nur mit niedrigen Rückenkämmen ausgestatteten Männchen wiederum in ihren Liebesspielen, und am 12. Juli – also etwa ein Vierteljahr später als gewöhnlich – begannen die Weibchen mit der Eiablage.«

Die Paarung der Wasserfrösche in den Tümpeln unserer Heimat in jedem Frühjahr ist der Höhepunkt im Leben dieser lautstarken Gesellen.

Steppenlurche gibt es nur unter den Fröschen. Mit allen Angelegenheiten der Fortpflanzung müssen sie sich beeilen. Bei Regen kommen sie alle fast gleichzeitig aus ihren Verstecken hervor und versammeln sich an den Laichplätzen. Paarungsspiele führen sie nicht aus. Die Rufe der Männchen locken die paarungslustigen Weibchen heran. Sofort wird das sich nähernde Weibchen vom Männchen umklammert. Kurz darauf setzt das Weibchen in einem oder mehreren Schüben meist den gesamten Laich der Saison ab. Dabei werden die Eier vom Männchen befruchtet. Die Paare trennen sich wieder. Das alles spielt sich in ein paar Stunden ab, und die Keimlinge beginnen mit ihrer schnellen Entwicklung.

Diese Art, sich fortzupflanzen, betrieben Froschlurche schon am Anfang des Tertiärs, also vor mehr als 60 Millionen Jahren und vermutlich noch früher. Die meisten der versteinert überlieferten Frösche, die aus tertiären Ablagerungen geborgen wurden, sind den heutigen so ähnlich, daß man sie für Frösche der Gegenwart halten könnte. Da die Entwicklung dieser Tiergruppe auf dem Lande ihren Anfang genommen haben dürfte, was man aus manchen ihrer Eigenheiten, beispielsweise aus ihrer kennzeichnenden, bei Wassertieren sonst nicht üblichen Art zu schwimmen, schließen kann, mag die enge Anpassung der Jugendentwicklung an Gewässer überraschen. Ob man sie nun für urtümlich hält oder nicht, sie hat sich als außerordentlich erfolgreich erwiesen.

Einige Beziehungen zur Umwelt und zum Menschen

Echte Frösche und Kröten sind nahezu weltweit verbreitet und zeigen sich gemeinsam mit ähnlich lebenden Arten in manchen extrem wasserarmen Gebieten als völlig konkurrenzlos gegenüber sonstigen Lurchen. So gehören von den vierzehn Froschlurchen Westpakistans je sieben den Gattungen *Rana* (Echte Frösche) und *Bufo* (Landkröten) an! Zugleich sind diese Geschöpfe fast überall weit häufiger als Vertreter jeder anderen Wirbeltiergruppe, solange der Naturhaushalt nicht entscheidend gestört ist.

Der Amerikanische Ochsenfrosch (Rana catesbeiana), 15 bis 20 cm, Osthälfte Nordamerikas, führt eine Lebensweise ähnlich unseren Wasserfröschen, die sich im Kampf ums Dasein ausgezeichnet bewährt hat. Als Lieferant von Froschschenkeln ist ihm durch den Menschen eine weiträumige künstliche Verbreitung zuteil geworden. Ein großer Ochsenfrosch wiegt etwa ein halbes Pfund, ein Froschschenkel 30 g. Um ein Pfund Froschschenkel zu »ernten«, benötigt man acht große Frösche.

Auch in unserer Heimat treffen wir unvergleichlich häufiger auf Froschlurche als auf Kriechtiere. Überwältigend sind die Erlebnisse, welche die Lurchwelt der Tropen hervorzurufen vermag. »Wenn man im November, also noch in der Regenzeit, kurz vor der Abenddämmerung die kleine karibische Insel Tobago nahe der Nordostecke Trinidads betritt, so ist man vom tausendstimmigen Pfeifkonzert ihrer amphibischen Bewohner aufs höchste beeindruckt«, berichtet Mertens (Salamandra, Bd. 5, 1969). »Aus allen Wiesen und Pflanzungen, aus Gärten und Straßengräben, ja fast aus jedem Gebüsch oder Grasbüschel ertönen kurze, hohe Pfiffe, als deren Erzeuger der Herpetologe Pfeiffrösche *(Leptodactylus)* erkennt. Von den Fröschen selbst sieht man allerdings meist nichts, solange es hell ist. Erst in der nächtlichen Dunkelheit verlassen die etwa 5 cm langen, außerordentlich hurtigen Tierchen ihre Erdlöcher, um sich zu paaren.«

In vielen Ländern werden Hekatomben von Fröschen für die Belange der Ausbildung, arzneimittelkundliche, medizinische und andere Untersuchungen sowie zum Zwecke des Verzehrs gefangen, ohne daß eine allgemeine Abnahme zu verzeichnen wäre, solange nicht durch den Menschen die Laichplätze zerstört und die Landschaften vergiftet werden oder echter Raubbau getrieben wird. In anderen Gegenden ausgesetzt, fassen diese Arten meist schnell Fuß. Die Aga *(Bufo marinus)* wurde in vielen Gebieten der Tropen zur Vernichtung von Schädlingen in Zuckerrohrpflanzungen angesiedelt und hat sich sogar weit stärker vermehrt, als immer erwünscht war. Dann werden diese anfangs nützlichen Neubürger durch ihren enormen Appetit, dem alles Getier – Kriechtiere und Säuger eingeschlossen – zum Opfer fällt, das von ihnen erreicht und gerade noch verschlungen werden kann, und durch das Krötengift, das die daran nicht gewöhnten Froschesser zu töten vermag, zu schlimmen Schädlingen. In Nordostaustralien sind die Aga-Kröten »eine Pest geworden, die nicht mehr auszurotten ist«, sondern sich jährlich weiter ausbreitet. In Teilen Kaliforniens bedroht der in den vierziger Jahren für den Schwangerschaftstest begehrte afrikanische Krallenfrosch das Dasein einheimischer Tiere. Er hat hier weder natürliche Feinde noch bringt chemische Bekämpfung vollen Erfolg.

Der Amerikanische Ochsenfrosch *(Rana catesbeiana)* wurde als Lieferant begehrter Froschschenkel vielfach eingebürgert. Die um 1918 in Japan eingeführten und zuerst von der Universität Tokio gezüchteten Ochsenfrösche haben sich ebenfalls stark vermehrt. Inzwischen sind sie als Speisefrösche, oder mit japanischem Namen shokuyo gaeru, allgemein bekannt.

Laichproduktion und elterliche Fürsorge

Der von den Echten Fröschen und Kröten eingeschlagene Lebensweg hat sich unter den geschilderten Umweltverhältnissen bewährt. Stellen wir uns nun die Frage, ob er unter anderen Lebensbedingungen ebenfalls als so günstig zu bewerten ist. Dem Beobachter fällt die unverkennbare Neigung auf, die Erzeugung von Eiern zu begrenzen, ohne die Erhaltung der Art zu gefährden. Ein Beispiel dafür haben wir schon erwähnt: die einheimischen Wassermolcharten. Sie paaren sich in Tümpeln, von denen viele das ganze Jahr über Wasser enthalten. So können die Larven ihre Entwicklung auf drei bis vier Monate ausdehnen oder als Larven überwintern oder sogar noch länger gefahrlos Larven bleiben. Dennoch kann es auch hier unter besonderen Bedingungen zum Massensterben von erwachsenen Tieren und Larven kommen. Das hat Soffel vor vielen Jahren an einem austrocknenden Tümpel bei Ascona im Tessin beobachtet. Grünalgen der Gattung *Oedogonium* hatten sich so stark vermehrt, daß sich die dort lebenden Südlichen Teichmolche *(Triturus vulgaris meridionalis)* und Alpenkammolche *(Triturus cristatus carnifex)* in dem eintrocknenden Tümpel nicht mehr retten konnten. So mußten sie in der sich bildenden papierähnlichen Algenmasse, dem sogenannten Meteorpapier oder Wiesentuch, zugrunde gehen. Vorkommnisse dieser Art sind selten. Eine allgemeinere Bedeutung kommt ihnen kaum zu. Aber beeindruckend ist es, auf Wanderungen in Berglandschaften zu beobachten, daß sich Bergmolche *(Triturus alpestris)* z. B. selbst in wassergefüllten Wagenspuren der Forstwege sogar zahlreich fortpflanzen und damit einen Lebensraum für Laich und Larvenentwicklung erfolgreich nutzen, der bei uns von anderen Wirbeltieren kaum intensiv in Anspruch genommen wird.

Kehren wir zu unserer Frage nach dem Umfang der Laichproduktion bei unterschiedlichen Lebens- und Fortpflanzungsbedingungen zurück. Das Weibchen des rund einen halben Meter langen amerikanischen Riesensalamanders, des Hellbenders *(Cryptobranchus)*, legt etwa 300 bis 400 Eier unter Steinen und anderen Verstecken im Wasser ab. Die Hellbender vollenden ihre Umwandlung nicht völlig. Sie bleiben während ihres gesamten Lebens Wasserbewohner. Das Männchen bewacht die Brut. Ähnlich leben die ostasiatischen Riesensalamander *(Andrias)*. Die Weibchen dieser mehr als doppelt so großen Molchlurche legen in ihren beiden Eischnüren 1 000 Eier. Bei dem in Nordamerika beheimateten Furchenmolch *(Necturus)* übernimmt das Weibchen die Pflege des an der Unterseite von Steinen oder Wurzeln abgesetzten Laichs; meist sind es nicht mehr als 100, manchmal kaum 20 Eier. Das Aalmolchweibchen *(Amphiuma)* mit einer Länge von etwa 1 m legt seine Eischnüre mit zusammen 40 bis 150 Eiern am Lande in Wassernähe ab und bewacht das Nest. Die Larven leben im Wasser. Für den Tigerquerzahnmolch *(Ambystoma tigrinum)* werden bis über 1 000 Eier, für ein Weibchen des Langzehen-Querzahnmolches *(Ambystoma macrodactylum)* 184 Eier und für den Olymp-Querzahnmolch *(Rhyacotriton olympicus)*, einen Gebirgsbachbewohner im pazifischen Bereich Nordamerikas, nur 3 bis 15 Eier angegeben. Diese Schwanzlurche laichen im Wasser und treiben keine Brutpflege. Bei allen Lungenlosen Salamandern (Plethodontidae), deren Weibchen die Eier am Lande absetzen und dann bewachen, bis die bereits umgewandelten, eventuell noch Kiemenstummel zeigenden Jungen schlüpfen, sind die Gelege klein und umfassen durchschnittlich 3 bis 20 oder 30 Eier. Zuweilen beteiligen sich beide Geschlechter an der Brutpflege. An den Nestern des Costa-Rica-Pilzzungensalamanders *(Bolitoglossa subpalmata)*, die 13 bis 38 Eier enthalten und unter Bodenstreu oder Steinen gut versteckt werden, wurden Weibchen und Männchen beobachtet. Die Anwesenheit eines erwachsenen Tieres ist für den vollständigen Ablauf der Entwicklung Voraussetzung. Der Vierzehensalamander *(Hemidactylium scutatum)* legt 30 Eier; bei dieser Art entwickeln sich die Jungen als Wasserlarven. Das Weibchen des Streifensalamanders *(Stereochilus marginatus)* legt 60 Eier oder auch noch mehr als doppelt so viele, allerdings ohne sich weiter um den Laich zu kümmern, aus dem Kiemenlarven schlüpfen. Etwa ebenso viele Eier oder ein paar mehr setzt der Porphyrsalamander *(Gyrinophilus porphyriticus)* einzeln und in kleinen Gruppen unter Steinen und Wurzeln im Wasser ohne weitere Brutpflege ab. Feuersalamander bringen bis über 70 Kiemenlarven zur Welt, die bei der Geburt bereits 3 cm Länge erreicht haben. Meist ist ihre Anzahl wesentlich geringer und beträgt 25 bis 30 Larven. Auch Alpensalamander und Lykischer Salamander legen keine Eier, sie gebären völlig umgewandelte Junge.

Keineswegs alle Schwanzlurchweibchen laichen Jahr

Porphyrsalamander (Gyrinophilus porphyriticus), 22 cm, Osten Nordamerikas, gehören zu den Lungenlosen Salamandern mit Wasserlarven.

für Jahr. Je nach Art und Umweltbedingungen, insbesondere Temperatur- und Feuchtigkeitsverhältnissen, kann der Zyklus auch zwei Jahre oder länger dauern. Bei dem soeben erwähnten Costa-Rica-Pilzzungensalamander beansprucht er nach Untersuchungen von Vial zwei Jahre. Alpensalamander gebären in jedem dritten Jahre, etwa ab 1 400 m Höhe wegen der Temperaturabhängigkeit ihres Stoffwechsels sogar nur in jedem vierten Jahre.

Blindwühlen legen nur einige Eier. Sie sind groß und dotterreich. Für die Ceylonwühle *(Ichthyophis glutinosus)* werden etwa 20 oder auch mehr, für die mexikanische Wurmwühle *(Siphonops annulatus)* weniger Eier genannt. Die Weibchen bleiben bei ihren Gelegen. Die meisten Arten bringen lebende Junge zur Welt.

Ordnete man die Froschlurche nach der Anzahl der Eier in ihren Gelegen, so wäre der nur 10 mm große Kubanische Zwergfrosch *(Sminthillus limbatus)* an erster Stelle zu nennen. Das Weibchen legt ein einziges, großes, dotterreiches Ei, aus dem sich das Junge direkt zu einem fertigen Fröschchen entwickelt. Eine direkte Entwicklung ohne Larvenstadium durchlaufen auch die Antillenfrösche *(Eleutherodactylus)*, die neuseeländischen Urfrösche *(Leiopelma)* sowie manche Arten der Echten Frösche (Ranidae), Ruderfrösche (Rhacophoridae) und Engmaulfrösche (Microhylidae). Alle diese Arten legen nur wenige Eier. Bei den Antillenfröschen zählt man nicht viel mehr als etwa 100, meist erheblich weniger. Ihre Eier werden am Lande, z. B. in Verstecken am Waldboden, unter Steinen, auch in Bromelien am Boden oder auf Bäumen und an anderen Stellen, abgesetzt und genießen danach keine weitere elterliche Fürsorge. Die Gelege sind nicht nur gegen Trockenheit empfindlich, sondern auch gegen Überflutung. In regenreichen Gebieten kann am flachen Boden abgesetzter Laich bei Wolkenbrüchen unter Wasser geraten und dann zugrunde gehen. Die Jungen des 6 cm großen ceylonesischen Zwergohrfrosches *(Rhacophorus microtympanum)* entwickeln sich ähnlich wie die der Antillenfrösche. Jedoch bleibt das Weibchen bei seinem am Boden abgesetzten Gelege. Es besteht aus rund 20 Eiern, die 5 bis 6 mm groß und dotterreich sind. Bei den neuseeländischen Urfröschen umfassen die Gelege kaum zehn dotterreiche Eier von 5 mm Durchmesser. Wird der Laich überflutet, so vollenden die Jungen ihre Entwicklung im Wasser.

Auch manche Arten unter den orientalischen Warzenfröschen *(Theloderma)* und ihren Verwandten *(Hazelia)* begnügen sich mit 4 bis 8 Eiern. Sie heften ihre Gelege an den Wänden wasserenthaltender Baumhöhlen 5 bis 10 cm über dem Wasserspiegel an. Jedes Ei ist von einer großen Gallertmasse umgeben, in der es herunterhängt. Die geschlüpften Larven setzen ihre Entwicklung in den Wassertaschen fort. Die nur 2 bis 3 cm großen, aber robusten Ruderfrösche der Gattung *Philautus*, Bewohner von Gebüsch und niedriger Vegetation im tropischen Regenwald, haben ebenfalls nur kleine Gelege aus 6 bis 12 sehr großen Eiern. Vorwiegend baumbewohnende Ruderfrösche, verbreitet von Sri Lanka (Ceylon) und Indien bis zu den Philippinen, die auf überhängenden Pflanzenteilen Schaumnester anlegen (*Rhacophorus* und *Polypedates*), laichen 100 bis 200 Eier. Den Schaum bilden sie aus einer Absonderung der Eileiter, die während der Eiablage mit den Hintergliedmaßen geschlagen und dabei mit Luftblasen vermischt wird. Die Jungen entwickeln sich zunächst in diesen Nestern. Sie fallen schließlich ins Wasser und wachsen dort weiter. Schaumnestbauer sind auch die amerikanischen Pfeiffrösche *(Leptodactylus)*. Sie legen ihre Nester im Wasser oder in dessen Nähe an. Larven des braunen Pfeiffrosches *(L. fuscus)* stellen selbst Schleim als Schutz her, wenn das Nest bereits ohne Schaum in einen Regentümpel gespült und dieser wieder ausgetrocknet ist. Einige entwickeln sich bis zur Umwandlung in Erdnestern. Zu diesen zählt der Marmorpfeiffrosch *(Leptodactylus marmoratus)*. Diese Frösche bedecken ihre Schaumnester teilweise mit Boden. Die Eier sind die größten der Gattung. Die Jungen haben weder eine Kiemenöffnung noch Kiemenatmung und ernähren sich ausschließlich vom Eidotter. Das Weibchen von *Zachaenus parvulus* in Gebirgswäldern bei Rio de Janeiro legt sein Schaumnest mit 20 bis 30 Eiern auf dem Boden ab und bewacht den Laich. Selbst die Arten einer einzelnen Gattung können unterschiedliche Entwicklungswege einschlagen. Die australischen Zirpfrösche *(Crinia)* heften ihre Eier an Pflanzenteile über dem Wasserspiegel, von wo die Larven unmittelbar in das Wasser fallen, oder legen sie in Erdnester auf dem Lande, in denen die Keimlinge ihre Entwicklung beginnen, dann aber unterbrechen und spätestens nach vier Monaten überflutet werden müssen, um im Wasser die Entwicklung zu vollenden. Der Rose-Zirpfrosch *(Crinia rosei)* wandelt sich sogar im Nest völlig um und benötigt keine Gewässer.

Vielfältig sind die Entwicklungswege der Laubfrösche (Hylidae). Unser Laubfrosch *(Hyla arborea)* gleicht in seinem Fortpflanzungsverhalten den einheimischen Echten Fröschen. Er laicht im Wasser bis zu 1 000 Eier in kleinen Klumpen, hat Wasserlarven und ist zusammen mit ähnlich lebenden Verwandten weit verbreitet.

Die Männchen des Schmiedes *(Hyla faber)* und verwandter südamerikanischer Laubfroscharten bauen mit den Händen und der als Schaufel benutzten Kopfspitze im flachen Wasser ein von Schlammwänden umgebenes Kleinstaquarium. Da hinein lockt das Männchen das Weibchen zum Laichen. Hier verbringen die Larven die erste Zeit ihrer Entwicklung und sind gegen manche Feinde besser geschützt als im freien Wasser, in das sie erst bei Überflutung gelangen. Andere Laubfrösche ersparen sich die Mühe und benutzen bereits vorhandene Kleinstgewässer in Baumhöhlen, Trichtern von Bromelien und den Blattachseln anderer Pflanzen. Zu diesen Arten, die nicht nur in Tümpeln ablaichen, sondern auch alle möglichen anderen Gelegenheiten nutzen, selbst verlassene, mit Wasser gefüllte Bienennester, zählt

Phrynohyas resinifictrix. Daß er sich aus Harz selbst Nester baue, nahm man irrtümlich an und nannte ihn Harznestbauer.

Bewohner von Kleinstgewässern sind allerdings wieder anderen Gefahren ausgesetzt. Die Nahrung ist knapp. Um nicht zu verhungern, fressen die Larven dann Laich und Larven anderer Arten und auch der eigenen Art. So verfahren die auf Jamaika lebenden *Hyla*-Frösche, die Laubfrösche der in Mexiko und Mittelamerika verbreiteten Gattung *Anotheca* und andere.

Ablage von Eiern in Nestern außerhalb des Wassers mit anschließender Entwicklung von Wasserlarven ist bei Froschlurchen weit verbreitet und ein weiterer Weg, die Gefahren des Wasserlebens wenigstens für die jüngsten Keimlinge auch ohne elterliche Fürsorge zu mindern, bis sie ins Wasser gelangen. So machen es die südamerikanischen Makifrösche *(Phyllomedusa)* und ihre Verwandten. Sie kleben ihre Eier an überhängende Blätter und falten diese, während sie laichen, tütenartig. Durch Schleim, mit dem Laich abgegeben, kleben die Blattränder zusammen. Eine untere Öffnung bleibt frei. Durch diese fallen die Jungen ins Wasser. Auch der Laubfrosch *Hyla decipiens* setzt den Laich in einer Gallertmasse an überhängenden Blättern ab. Die Glasfrösche (Centrolenidae) machen es ähnlich, bleiben aber offenbar bei ihren Gelegen. Wieder andere Laubfrösche gehen in der elterlichen Fürsorge sehr viel weiter. Die Weibchen behalten ihre Eier auf dem Rücken bei sich, bis sich die Jungen teilweise oder völlig entwickelt haben. Das Weibchen des Schüsselrückenlaubfrosches *(Fritziana goeldii)* trägt seine zwei Dutzend Eier offen auf dem Rücken. Bei den Beutelfröschen *(Gasterotheca)* bilden sich aus seitlichen Hautfalten, die über der Rückenmitte zusammenwachsen, überdachte Rückentaschen. In diesen entwickeln sich die Jungen. Wie die Eier in den »Beutel« gelangen und dabei befruchtet werden – bei dem Zwergbeutelfrosch *G. pygmaeus* sind es 4 bis 7, bei dem Riesenbeutelfrosch *G. ovifera* über 50, bei *G. marsupiata* sogar rund 200 –, wurde erst vor einigen Jahren entdeckt. Die Tiere haben dazu bestimmte zweckmäßige Verhaltensweisen ausgebildet.

Beim Darwinfrosch *(Rhinoderma darwinii)* sind es die

Das Männchen des Schmiedes (Hyla faber), ein 9 cm großer Laubfrosch in Südamerika, baut im flachen Wasser kreisrunde Schlammnester von 30 cm Durchmesser, in die es nachts mit ohrenbetäubender Stimme Weibchen zum Laichen hineinlockt.

Männchen, welche die Jungen austragen. Das Weibchen legt 20 bis 30 große, dotterreiche Eier auf den Erdboden. Einige Männchen halten bei dem Gelege Wache, bis die Keimlinge anfangen, sich innerhalb der Eihüllen zu bewegen. Dann sammelt jedes Männchen in einem Zeitraum von mehreren Tagen eine Anzahl Eier mit der Zunge auf und schluckt sie in die sich allmählich ausdehnende Schallblase. Diese dient als »Kinderstube«. Später kommen die Jungen als umgewandelte Fröschchen wieder zum Vorschein. Bei dem am Boden lebenden Südfrosch *Assa darlingtone* aus dem Gebirgsregenwald in Queensland und Neusüdwales begeben sich die geschlüpften Larven selbst aktiv in die seitlichen, sich nach außen öffnenden Bruttaschen in der Weichengegend des Männchens, um dort ihre Entwicklung abzuschließen.

Auch bei den amerikanischen Baumsteigerfröschen widmen sich die Männchen der Sorge um die Nachkommen. Sie transportieren die aus den Eiern – es mögen bis zwei Dutzend sein – geschlüpften Larven auf ihrem Rücken zum Wasser und setzen die Larven dort frei, sobald der Entwicklungszustand das erfordert. Das Weibchen des 5 cm großen Magenbrüters *(Rheobatrachus silus)*, ein äußerlich an den Krallenfrosch *(Xenopus)* erinnernder, in Fließgewässern lebender Südfrosch aus Queensland, verschluckt die befruchteten Eier. Im Magen entwickeln sich die Jungen in 40 Tagen zu fertig umgewandelten Fröschchen; dann werden sie durch den Mund entlassen. Das ist sensationell, weil einmalig für Wirbeltiere.

Diese Beispiele beurkunden eindrucksvoll den engen Zusammenhang zwischen der Anzahl der Eier und den Lebensverhältnissen und Fortpflanzungsgewohnheiten der betreffenden Lurche. Je bessere Lebens- und Entwicklungsaussichten für die Nachkommen bestehen, desto geringer braucht die Anzahl der Eier zu sein. Und je reichlicher die Eier mit Dotter ausgestattet werden, desto weiter können sich die Keimlinge auf Kosten des Dottervorrats entwickeln, heranwachsen und Widerstandskraft ausbilden, bevor sie sich selbständig der Nahrungssuche widmen müssen. Trotz erheblicher Einsparungen an Eiern und somit geringeren Verbrauchs an lebender Substanz sind aber diese Arten der Fortpflanzung und elterlichen Fürsorge auf begrenzte Gebiete beschränkt. Unter den besonderen Bedingungen, unter denen wir sie beobachten, haben sie sich offensichtlich bewährt. Weltweit verbreitet wie die in jedem einschlägigen Schulbuch beschriebene Fortpflanzungsart der Frösche und Kröten unserer Heimat haben sie sich nicht. Vielleicht waren jedoch gerade der Verzicht auf Wasserlarven und die Vollendung des Entwicklungskreislaufs unabhängig von Gewässern entscheidende Voraussetzungen für die Entfaltung der Lungenlosen Salamander in Mittel- und Südamerika. Alle anderen Verwandtschaftsgruppen der Schwanzlurche beschränken sich auf die nördliche gemäßigte Zone und sind vergleichsweise formenarm. Im Wolkenwald Mittelamerikas sind zwei Gruppen von Lurchen besonders erfolgreich: Lungenlose Salamander und Antillenfrösche.

Brutpflege bei Froschlurchen. Von oben nach unten: Das Weibchen des Schüsselrückenlaubfrosches (Fritziana goeldii), 3 cm, Ostbrasilien, trägt seinen Laich offen auf dem Rücken in einer durch Hautränder gebildeten »Schüssel«, bis die durch reichlichen Dottervorrat weit entwickelten Larven schlüpfen. – Die Rückentasche des Beutelfrosch-Weibchens (Gastrotheca ovifera), 10 cm, Mittelamerika, verlassen die Jungen erst nach der Umwandlung. – Beim Darwinfrosch (Rhinoderma darwinii), 3 cm, Südamerika, entwickeln sich die Jungen im Schallsack des Männchens. (Weitere abgebildete Froschlurche mit Besonderheiten der elterlichen Fürsorge für den Nachwuchs sind die Geburtshelferkröte, S. 49 und der Zweifarben-Blattsteiger, S. 62.)

Durch Eiablage an Land und direkte Entwicklung vermögen sie offenbar die Umweltverhältnisse jener Gebiete vorzüglich auszunutzen und sich den Gefahren und Feinden des Wasserlebens zu entziehen.

Kampf ums Überleben

Alle Jugendstadien der Lurche benötigen zu ihrer Entwicklung Wasser in unterschiedlicher Form. Selbst Wasserlarven steht es nicht immer als Lebensraum in ausreichender Menge zur Verfügung, auch wenn die Gewässer nicht austrocknen. In Mikrogewässern wird durch die Ausbildung kannibalischer Verhaltensweisen in biologisch sinnvoller Weise dafür gesorgt, daß Wasser und Nahrung für die übrigbleibenden Larven genügen. Solche Larven sind oft durch starke Kiefer und kürzeren Darmkanal auf diese Ernährung eingestellt, wie z. B. die des Uluguru-Engmaulfrosches (*Hoplophryne uluguruensis).* Sie wachsen in den Internodien alter Bambusstämme auf. Auch Larven aus anderen Familien wachsen, wie erwähnt, in wassergefüllten Baumhöhlen heran und fressen Froscheier. Es handelt sich um ein weit verbreitetes Verfahren. Die vom Glück Begünstigten überleben!

Vergleichbares Verhalten kann man auch an freien Gewässern beobachten. Auf Ausflügen in Südtirol entdeckte Kläre (briefl. Mitteilung) an einem Berghang einen Wasserlauf, der in fast regelmäßigen Abständen auf seinem Talweg kleine Wasserbecken hinterließ; in jeder dieser Kaskaden befand sich jeweils nur eine einzige Feuersalamanderlarve. Auch weiß man, daß die Quappen des Grasfrosches *(Rana temporaria)*, der im Frühjahr als erster laicht, schon längst frei umherschwimmen, wenn sich Laubfrosch *(Hyla arborea)*, Kreuzkröte *(Bufo calamita)* und Gelbbauchunke *(Bombina variegata)* zum Laichen anschicken. Die Grasfroschquappen nutzen ihren zeitlichen Vorsprung aus und tun sich am Laich der späteren Arten gütlich. Im Freiland finden sich wohl gerade aus diesem Grunde Spätlaicher vorzugsweise in anderen Gewässern, als sie der Grasfrosch wählt. Die Larven mancher Froschlurche wie die der Kreuzkröte sind ganz versessen auf späteren Laich der eigenen Art und erst in zweiter Linie auf die Eier anderer Arten, in diesem Falle der Laubfrösche und der Unken.

Der Konkurrenzkampf wird aber auch noch mit weiteren Waffen ausgetragen, z. B. mit Hilfe von Ausscheidungen, die auf andere Larven giftig wirken. Die Leichen dienen als Nahrung; Lebensraum und Sauerstoffvorrat werden für die Überlebenden größer, und andere Umweltbedingungen werden günstiger. Wasser, in dem Grasfroschquappen gehalten wurden, schädigt Kaulquappen der Erdkröte und junge Larven des Seefrosches so stark, daß diese zu einem erheblichen Anteil darin sterben.

Gallerthüllen bilden vielfach einen Schutz des Laichs gegen Gefressenwerden. Entfernt man künstlich die Hüllen des Laichs des gefleckten Querzahnmolches *(Ambystoma maculatum)* oder auch anderer Arten, so wird ein zunehmender Appetit der Freßfeinde auffallend deutlich. Die Eier der im Westen Nordamerikas heimischen Wassermolche *(Taricha)* enthalten ein sehr gefährliches Nervengift, das man sonst nur noch von Kugelfischen kennt: Tetrodontoxin. Eier mancher Kröten sind für Fische, andere Lurche, Kriechtiere und Säuger giftig. Aber keine Schutzvorkehrung bildet eine zuverlässige Sicherung gegen Spezialisten. Diese finden immer einen Weg...

In den letzten Jahren ist die Erkenntnis gereift, daß es unerläßlich ist, Wald und Flur, Pflanzen und Tiere, kurz gesagt die Umwelt in ihrer Gesamtheit, vor Zerstörung und Vernichtung zu schützen, wenn man die menschliche Existenz erhalten will. Gesetzlich verankerte Maßnahmen sollen dabei helfen. Alle einheimischen Lurche genießen völligen Schutz. Man darf weder einzelne Molche oder Frösche ohne behördliche Zustimmung der Natur entnehmen oder in menschlicher Obhut pflegen oder weiterzüchten. Populationen der Lurche werden allerdings nicht zerstört, wenn ein interessierter Liebhaber diese Geschöpfe in häuslicher Umgebung sachgerecht hält und ihre biologischen Eigenheiten beobachtet. Sie werden durch Schädigung der natürlichen Lebensstätten, wie fahrlässige oder absichtliche Vergiftung der Umwelt, Drainage, Trockenlegung von Laichplätzen und Maßnahmen mit ähnlichen unheilvollen Folgen, vernichtet. Daß Tümpellaicher in ihrer Existenz und ihrem Fortpflanzungserfolg vom Wasserhaushalt ihrer Laichplätze, der jährlich unterschiedlichen Menge und Verteilung von Niederschlägen beeinflußt werden, ist längst bekannt. Sie führen zu Fluktuationen der Lebensgemeinschaften, aber im Gegensatz zu von Menschen herbeigeführten Schädigungen kaum jemals zu ihrer Ausrottung.

Larven, die sich am Körper oder in Körperhöhlen der Elterntiere entwickeln, erhalten von diesen das notwendige Wasser. Auch Landeier benötigen Wasser, das sie entweder von den wachehaltenden Eltern oder aus der Umgebung aufnehmen. Eine Bodenprobe unmittelbar über dem Nest des Rotrückenwaldsalamanders *(Plethodon cinereus)* enthielt nach Untersuchungen von Test in Michigan (USA) fast doppelt so viel Feuchtigkeit – genau 173 % –, wie das Trockengewicht ausmachte. In dieser Gegend regnet es normalerweise reichlich. Aber wenn der Regen ausbleibt und die Streuschicht am Boden trocken wird, mag die von dem wachehaltenden Weibchen abgegebene Feuchtigkeit die Keimlinge davor bewahren, daß sie durch Vertrocknen sterben. Ungewöhnliche Trockenzeiten können jedoch zur Minderung der Bevölkerungsdichte dieser Salamander führen.

Auch die außerhalb von Gewässern in Schaumnestern oder frei abgesetzten Gelege der Froschlurche benötigen Feuchtigkeit, damit sich die Keimlinge entwickeln. Den bei dem Gelege bleibenden Eltern fällt dabei ebenfalls die Aufgabe zu, dafür zu sorgen, daß der Laich nicht vertrocknet. Stets wird während des Wasser- und während des Landlebens auf irgendeine Weise sichergestellt, daß den Jugendstadien unter Normalbedingungen Wasser in hinreichendem Maße zur Verfügung steht. Auch erwachsene Tiere schützen sich auf mannigfaltige Art gegen Austrocknung, so durch Speicherung von Wasser in Körpergeweben, Lymphräumen oder der Harnblase wie manche australische Frösche, mit deren Wasservorrat man sogar seinen Durst stillen kann.

An regelmäßig wiederkehrende, gewissermaßen voraussehbare Umweltbedingungen, auch wenn sie extrem sind, haben sich die Lurche meist vorzüglich angepaßt. Katastrophenähnlichen Bedingungen dagegen sind sie im allgemeinen nicht gewachsen.